高唐锦鲤

特色渔业生产技术

◎ 臧国莲 主编

中国农业科学技术出版社

图书在版编目（CIP）数据

高唐锦鲤特色渔业生产技术 / 臧国莲主编 . -- 北京：中国农业科学技术出版社，2024. 3

ISBN 978-7-5116-6720-5

Ⅰ.①高… Ⅱ.①臧… Ⅲ.①锦鲤—鱼类养殖 Ⅳ.① S965.812

中国国家版本馆 CIP 数据核字（2024）第 051183 号

责任编辑　于建慧
责任校对　李向荣
责任印制　姜义伟　王思文

出 版 者　中国农业科学技术出版社
　　　　　北京市中关村南大街 12 号　　邮编：100081
电　　话　（010）82109708（编辑室）（010）82106624（发行部）
　　　　　（010）82109709（读者服务部）
网　　址　https://castp.caas.cn
经 销 者　各地新华书店
印 刷 者　北京中科印刷有限公司
开　　本　148 mm×210 mm　1/32
印　　张　4.875
字　　数　118 千字
版　　次　2024 年 3 月第 1 版　2024 年 3 月第 1 次印刷
定　　价　69.00 元

目录

第一章　高唐锦鲤概述

　　锦鲤养殖在高唐有着悠久的历史。据《高唐州志三种》（元）记载，贾勇诗曰"鸣榔得锦鲤，作鲙切银丝"，描绘的正是高唐境内马颊河张家桥上繁闹而动人的捕获锦鲤场景。由此看来，高唐养殖锦鲤的历史可追溯到 1 800 年以前。作为中国书画艺术之乡，高唐历史文化底蕴丰厚，文化氛围浓厚，受地域传统喜好及文化氛围等多方面影响，人们从很早以前就自发地进行金鱼、红鲫鱼、红鲤鱼等观赏品种的养殖。高唐县位于山东省西部的黄淮海平原，境内徒骇河、马颊河及黄河支干流纵横交错，水源充足，水质优良，气候适宜，土壤肥沃，非常适合发展水产养殖业，特别是所处纬度与世界知名锦鲤产地的纬度十分接近，产出的锦鲤体魄雄健、游姿娇美，或亮白如瓷，或墨质浓郁，或色彩斑斓。"高唐锦鲤"成功注册地理标志商标，被认定为"生态原产地保护产品"，成为我国观赏鱼的典型代表品种，是"中国锦鲤第一县""中国锦鲤之都"以及"锦鲤故里"的核心元素。

一、高唐锦鲤文化

　　高唐位于黄河冲积平原，是黄河文明发祥地之一。锦鲤源自黄河，高唐是锦鲤的故乡。

　　《高唐州志》记载，按高唐地势皆从西北而来，隐隐窿窿，蜿蜒起伏，至此藏风纳气，融结以为州治。《山东通志》记载，"鱼丘名区，马颊故道，枕以玉冈，带以漯水。"《重建儒学记》记载，"山东之高唐，自古为郡，风土醇沃，物象森茂，钟其气而生者，多英特俊伟之士。"可见高唐人杰地灵，是一块风水宝地。黄河塑造了高唐，成就了高唐，黄河锦鲤给高唐带来了吉祥好运。

1. 黄河水韵

《高唐州志》记载，"高唐：唐、虞、夏、商，周属兖州域。"大禹治水成功后，把天下划为九州，兖州为九州之一。《尚书·禹贡》记载，"兖州：九河既道……桑土既蚕……厥贡漆丝……浮于济、漯，达于河。"《尔雅·释水》记载，"九河：徒骇、太史、马颊、覆釜、胡苏、简、洁、钩盘、鬲津。""桑土既蚕"，说是大禹治水成功后，人们开始种桑养蚕，茧丝成为贡品。高唐种桑养蚕历史悠久，元朝至元七年（公元1270年）高唐由县升州，朝廷考核高唐，"考课农桑，天下第一"。元朝高唐人翰林学士阎复称高唐是"民物之繁，茧丝之富为山东名郡"，可见当时高唐桑蚕很发达，老百姓生活非常富裕。至今在汇鑫街道办事处陈庄村，尚有一大片百年以上的古桑树林，树大叶茂，圣果飘香，为高唐一大景观。

《孟子》记载，"禹疏九河，瀹济、漯，而注诸海。"孟子说大禹疏通了九河河道，疏导了济水、漯水。《汉书·地理志》记载，"桑钦曰：漯水出高唐。"《高唐州志》记载，漯水在城西二里。高唐八景诗中有《漯水秋风》诗作。大禹曾在高唐大地治理洪水，其治水精神是高唐历史文化的精神之源。

高唐故城，建于春秋齐桓公时期，齐桓公为春秋五霸之首，齐国最为强盛，高唐为齐国五都之一。《山东通志》记载，炎帝后裔在此建设高国都城。齐桓公对新建城池命名时取其"高"字，同时，唐尧、虞舜帝命大禹治水时，大禹在此建立了禹息城，并最后取得治水成功，因治理洪水始于唐尧帝，故又取其"唐"字，于是把新城定名为"高唐"。

古老、伟大、强盛、灵秀是"高唐"历史文化的丰富内涵。黄河以"善淤、善决、善徙"著称，自有文字记载，黄河有6次大改道，其中有3次涉及高唐。黄河第一次改道，始于周定王五年（公元前602年），至王莽始建国三年（公元11年）黄河断流，史称西汉黄河，其故道被郦道元称为大河故渎。《史记·河渠书》《汉书·沟洫志》《水经注》《太平寰宇记》等史书均记载黄河流经高唐。《史记》《说苑》记载，周敬王二十七年（公元前493年），孔子应赵简子之邀去晋国，来到黄河岸边的灵丘城（南镇）渡口，听灵丘人说赵简子为了独霸天下，杀了自己手下的窦鸣犊、舜华两位贤大夫，又想借邀请孔子议政为名，诱杀孔子于黄河上，孔子听后仰天长叹，望水回辕，回到陬乡作《陬操》，哀悼窦鸣犊和舜华，是灵丘人救了孔子一命，此处"圣迹"被称为"孔子回辕处"。《汉书·沟洫志》记载，汉永光五年（公元前39年），黄河在灵县决口，向北冲出一条新河，河口称为灵鸣犊口，以纪念孔子至此，并以窦鸣犊之名命为鸣犊河。

《金史·地理志》记载，高唐有四镇：灵城、夹滩、齐城、固河。黄河岸边的灵（丘）城，是齐国和赵国必争之地，多次在此发生战事。《山海经》《大舜传》记载，舜帝曾来此巡视大禹治水情况，为纪念此事，灵丘之名中的"灵"，代表舜帝夜晚携名叫宵明、烛光的两个女儿巡视治水时，灯火如"灵火"闪耀。黄河西岸尚有齐城镇，阎复《东方朔祠碑》《重修齐城镇庙学碑》记载，齐城镇在县城东北十里。遗址在人和办事处相庄村、十里园村。战国时期，齐威王派齐盼子守高唐，赵人不敢到黄河里捕鱼，就是指的西汉黄河。《史记》《竹书纪年》《孙膑兵法·擒庞涓》记载，齐威王四年（公元前353年），田忌为主将、田婴为副将、孙膑为军师，率高唐、齐城之兵参加了著名的桂陵之战，孙膑采用围魏救赵之计，生擒庞涓。齐威王十六年（公元前341年），守高唐故城的盼子为主将、孙膑为军事，率高唐、平原之兵，参加了马陵之战，孙膑用减灶之计射杀庞涓。黄河东岸的夹滩镇，有2 600年的历史，当时为高唐故城，在黄河上的码头，肩负着向黄河西岸运输物资的任务，北魏时有"72眼琉璃井，22座琉璃庙"，是高唐历史上重要的商贸重镇。高唐故城为春秋战国时期的齐国称霸中原、争雄诸侯立下卓越功勋，也奠定了今天山东省的西部边界线。

西汉立朝，始置郡县，高唐置县（治高唐故城），在今境高唐县黄河故道两岸分别设有灵县（治今南镇）和鄃县，鄃县故城遗址在梁村镇北镇附近，鄃县土地肥沃，曾是西汉吕缕之子吕它、武安侯田蚡、大将军栾布、东汉末大将军马武和三国曹魏名将、高唐侯朱灵的封地，鄃县人史学家崔鸿著有《十六国春秋》。

西汉黄河流经罗寨洼，其地下储有千年黄河水，是高唐县城的水源地。黄河第二次大改道，自王莽建国三年（公元11年）始，至北宋仁宗庆历八年（公元1048年）黄河断流，史称东汉黄河。高唐县固河镇建于东汉初年，涸河镇名中的"河"就是指的这条黄河。公元69年，东汉王景奉诏治理黄河，修建数千里的黄河大堤，高唐西部的爵堤正是此时修建，是高唐历史上最大的水利工程之一。冬季雪后爵堤，如银龙盘踞在高唐大地上，"爵堤雪影"为高唐八景之一，王子鲁诗曰"汉家修堤障河水"。《十三州志》记载，在曹魏时，爵堤为清河郡和平原郡的分界线，堤属平原郡。黄河第三次大改道，始于北宋仁宗庆历八年（公元 1048 年），黄河北流入海，史称北派或北流。12 年后即北宋仁宗嘉祐五年（公元 1060 年），黄河决口又向东冲出一支河流，至北宋哲宗元符二年（公元 1099 年）断流，史称东派或东流。东流黄河流经高唐西部清平镇。《宋史·地理志》记载，"清平：畿，宋初，自博州来属。熙宁二年（公元 1069 年），又割博平县明灵砦隶焉，本县移置明灵。"黄河东流过清平城东北，其城也是借黄河之利而迁移至此。此黄河故道也是高唐的重要水源地。清平故城古建筑有迎旭门、文庙、影壁、后唐明宗祠以及平原省联立清平师范学校旧址等。清平县名人众多，当属国学大师季羡林最为著名。

黄河 3 次大改道，其故道分布于现在高唐县全境，从公元前 602 年黄河第一次改道始，到公元 1099 年县境内黄河断流，黄河在高唐境内流淌了 1 600 多年。此后黄河南移，虽然不再流经高唐，但现在黄河干渠引来的黄河水依然是高唐生产、生活用水的重要水源。

黄河是高唐人的母亲河，孕育了众多的优秀儿女，成为国家栋梁之材，谱写了高唐人的灿烂篇章。高唐故城、灵县故城、鄃县故城、清平故城和高唐城创造了高唐的辉煌历史，成为中国历史的重要组成部分，载入史册。

2. 黄河献瑞

在中国古代，祥瑞多以天象、动物、植物、石头等形态出现，祥瑞的概念是"天人感应"，儒家将祥瑞定义为表达天意的、对人有益的自然现象。祥瑞种类繁多，麒麟、凤凰、龟、龙和白虎，五灵等级最高，后分大瑞、上瑞、中瑞和下瑞。每逢帝王、名臣出生，朝代更替，盛世来临，多伴有祥瑞出现。

黄河馈赠给高唐的祥瑞之物是锦鲤。锦鲤是黄河鲤鱼自然进化产生的变种鱼，锦鲤既有黄河鲤鱼的健壮体型，又身有似锦绣丽艳的多彩花斑条纹，寿命长，性情温顺，喜于人欢。人们识水为财，"鱼"字和"余"字同音，养鱼有"年年有余"之意。"锦"是有彩色花纹的丝织品，引申为"美丽、美好"之意，锦鲤被赋予富贵、健康、吉祥、好运的文化内涵，被视为祥瑞之物，给人带来精神上的愉悦和享受。

高唐出现锦鲤，始见于高唐境内的马颊河。马颊河在县城西15 km。《高唐州志》中记载，亦名旧黄河。当地人称老黄河。久视（"长生不老"之意）元年武则天登基称帝，当时为分泄黄河水，在黄河北岸，开挖出一条黄河支河，以上古九河之一的"马颊河"命名之，又称唐故大河北支。开通马颊河后，居住在河边一位百姓，在捕鱼时发现了锦鲤，认为是祥瑞之物，进献给官府，县令随即上献给朝廷，武则天见后龙颜大悦，黄河出现锦鲤，认为是吉祥之兆，遂放在宫中，派专人饲养，并经常让大臣及外国使者（日本为遣唐使）观赏。武则天重赏了进献的官员和捕鱼者，并把高唐县赐名为崇武县。

《高唐州志三种》（元）载有贾勇诗，"鸣榔得锦鲤，作鲙切银丝"，描绘的正是高唐境内马颊河张家桥上繁闹而动人的捕获锦鲤场景。由此看来，高唐养殖锦鲤的历史可追溯到800年以前。目前在黄河以北其他地区尚没有发现古代有锦鲤的记载，高唐马颊河是唯一一处记载有锦鲤出现的地方，这也与高唐的气候和马颊河有密切的关系。高唐光照充足，四季分明，马颊河水也非常适合锦鲤的繁殖和生长。据高唐马颊河两岸的老人们说，马颊河是"铁底铜帮"，河底黑硬，岸边胶泥，色如红铜，河里的鱼多是"金翅金鳞"，鲤鱼在这种环境中繁殖生长，从而形成了色彩斑斓的锦鲤。

马颊河自高唐县清平镇西南大高村西入境，流经卅里铺镇、汇鑫街道办事处，从梁村镇董姑桥出境，河道长 28 km。马颊河入境高唐后，形成一个大弯道，河道宽阔，水流清澈平缓，芦苇丛生，盛产鱼虾，岸上杨柳相依，春天桃花点缀，风景秀丽清幽。傍晚时分，长河落日，船靠岸边，炊烟袅袅，渔民沽酒，临河长歌，犹如绵驹在世，歌唱生活。落日、晚霞、长河、渔船、炊烟、树草和渔民饮酒唱歌组成一幅优美的画面。王子鲁诗曰"归来沽酒切新脍，高歌醉卧芦花洲。"每当皓月当空，月明水长，时而鱼跃河面，或微风波皱，河面如若老蟾吐花，玉镜残破，形成马颊河独特的迷人景致，职官文人墨客，观景抒怀，吟诗酒歌，留下数十篇传世诗作。

浮屠返照

高塔留云住，烟霞罩大邦。尘消观第一，风定信无双。影入层层级，光回面面窗。最奇初静夜，红旭挂孤幢。

郑桥捕鱼

溱洧无桥郑有桥，姓名仿佛尚相招。花香浪暖鱼还跃，溪静沙鸣路未遥。钓叟逍遥清白水，垂纶检点往来潮。金鳞换却村沽醉，带月依风卧小舠。

经高唐诗（咏龙前任祷雨事）

四野叹如焚，终朝步祷勤。心占流火月，肤合泰山云。滂沛蛟龙舞，欢呼老稚闻。谁当荐良牧，早达圣明君。

马颊河开通，黄河献祥瑞，锦鲤呈吉祥，高唐段马颊河两岸名人辈出，高唐也出现了一些奇事异象。

海市蜃楼：宋朝年间，高唐出现海市蜃楼奇景。《高唐州志》记载，宋朝沈括在《梦溪笔谈》中记载，欧阳文忠公修奉使河朔，适高唐县，驿舍中夜有鬼神自空中过，车马、人畜之声——可辨，士人谓之海市。

庄庄祈雨：据《卅里铺风物志》记载，庄庄祈雨位于马颊河东岸的庄庄村，在 20 世纪 50 年代前，有一项独特而且规模盛大的风俗活动——祈雨。每逢大旱之年，庄稼面临枯死，庄庄村设坛祈雨，分灌坛、祈雨、谢神等几个步骤。灌坛在晚上，由 7 名属相为大龙的男子完成，第二天黎明，上百人的祈雨队伍，手举旌旗，敲鼓打锣到打鱼李马颊河黑龙潭里取水灌坛，再返回庄庄村，在回程的路上往往有大雨至。庄庄村祈雨很灵验，有"摆坛四指雨"的说法。据多次参加祈雨的老人们回忆，1938 年夏天祈雨时，祈雨队伍回村行至半路时，天空突然布满阴云，随后暴雨如注。

马颊河走鱼：1972 年某一天，马颊河边突然传来一个消息，马颊河里来鱼了，平时爱到马颊河里捕鱼的人纷纷带着渔网赶到河边，果然看到满河都是白花花的鲢鱼，成群结队顺河而下，人们赶紧撒网捕鱼，一网下去满满的鱼，拉也拉不动，手快的捕了三网，手慢的捕两网，鱼群很快就过完了，紧接着后面又来了成群结队的甲鱼，一只只甲鱼露着头，排列整齐地顺流而下，最后压阵是两只大甲鱼，两只甲鱼的头就像碗口一样大，捕鱼的人们都惊呆了，被吓住了，没有人再敢去捕甲鱼，只好眼看着满河的甲鱼群，浩浩荡荡地向下游去……为什么在马颊河出现如此大的鱼龟群，至今成谜。

祥瑞灵龟，出河入海，游向大洋为祥瑞之兆。现在马颊河两岸还流传着"金鸡的传说""扁担开花""黑龙白龙""三官庙的传说""董姑桥故事"等许多传奇故事。古老、神奇的马颊河哺育了两岸人民，锦鲤为高唐人民带来幸福好运。

二、高唐锦鲤产业优势

高唐县为中国书画艺术之乡、省级卫生城，有着得天独厚的发展锦鲤育苗、养殖的资源条件和地域优势。尤其是近几年以来，高唐锦鲤苗种培育和养殖业发展尤为迅速，规模和产量都有很大提高，锦鲤文化挖掘不断深入。随着渔业结构调整的加快和养殖新技术、新模式的不断推广应用，融合型锦鲤产业在高唐得到蓬勃发展，发展前景广阔，优势明显。

1. 独特绝佳的地理气候

高唐地处鲁西平原，地势平坦，资源丰富，传统农业发达，交通便利，拥有 5 000 余亩（1 亩 ≈ 667 m²。全书同）的"两湖一库"大水面，鱼丘湖风景区是全国 AAA 级旅游区，境内河流纵横，坑塘密集，水丰质优；属大陆性季风气候，四季分明，年平均气温 14.2℃，7 月最热，平均气温 27.4℃，1 月最冷，平均为 -0.8℃，日照时数长，平均 2 429.6 h，无霜期长，平均约 236 d，年均降水量在 550～700 mm，年平均相对湿度为 66%，气候条件适宜锦鲤生长，特别是高唐与日本新潟县处于同一纬度（此处正是鲤鱼体色发生突变的地方），高唐的水质偏弱碱性，特别适合"墨鲤"生长、繁育，墨鲤在欧洲市场很受追捧，因此为高唐县生产出深受欧洲市场欢迎的"墨鲤"奠定了良好基础。

2. 量丰质优的水利资源

高唐县地处沃野千里的鲁西北黄河冲积平原地区，由西南向东北逐渐倾斜，平均海拔 27.5 m，比聊城全市平均海拔低 2～3 m，是市的低洼地带，过境客水径流量 4 亿 m³，地下水位较高，浅层淡水丰富区占全县面积的 60%，淡水总储量 20 亿 m³，可利用量

1亿 m^3。高唐水源的补给主要依靠黄河水及天然降水、灌溉回归水和渗透水。地表水又分本地水和过境客水两种，过境客水主要有徒骇河、马颊河的径流及一、二干渠的黄河水，充足的水资源为高唐县发展锦鲤养殖业提供了良好的条件。

水质较好，无污染。高唐实施大水系战略，建设环城水系，保证了良好的水质。水体 pH 值偏弱碱性，汞、砷、酚、铬及氰化物等5种有毒物质含量均低于国家规定标准（附水质分析资料）。良好的水质对改善区域小气候、保持生态环境良性循环起到了重要作用。

3. 先进完备的基础设施

高唐县锦鲤养殖历史悠久，从最初的以土池、露天水泥池为主，发展到以工厂化养殖大棚、养殖车间为主，湖泊、水库、池塘为辅的多形式良好发展势头。现有高标准工厂化养殖车间 3 万 m^2，养殖方式设施先进、管理高效、环境可控，不受天气、季节、环境及场所因素限制，具有节地、节能、节水、环保等优点。通过控制水体环境因素，可使养殖在最佳的水温、溶氧、饵料等条件下生长，大大提高养殖密度，缩短养殖周期，降低饲料系数，并可全年连续生产。

4. 充足廉价的人力资源

高唐县是人口大县、农业大县，全县总人口50万人，农村有大量的剩余劳动力，使用成本较低。锦鲤养殖场所需要的劳动力通过定向短期技术培训，即可从事渔业生产，是发展生态渔业和休闲渔业的生力军。

5. 优越健康的投资环境

土地、水、电、劳动力资源丰富，价格比沿海地区低50%以上。所有的锦鲤规模养殖场都分布在国道、省道附近，具有便利的交通优势。政府及有关部门对养殖场从简免费办理手续，免除一切行政事业性收费，随时解决遇到的困难和问题，并对养殖业实行相关的保护措施。

"锦鲤故里""中国锦鲤之都"（第一县）接连落户高唐，中国渔业协会给予高度评价，"高唐县锦鲤业界充满爱国情怀，极力推出富有高唐文化特色的自家产锦鲤，为恢复锦鲤在中国的历史性地位作出了突出贡献，高唐锦鲤养殖技术水平高，质量品质高，知名度高，美誉度高。"

高唐县是著名的全国书画艺术之乡，锦鲤是书画家笔下的吉祥题材，高唐的书画家以及外地书画家纷纷来此写生，举办画展。高唐美术家协会、书法家协会、摄影协会等创作了以锦鲤为题材的大量作品。琉璃寺镇秦庄村 20 多名农民画家，其笔下的锦鲤，栩栩如生，展现了新时代农民生活的风采，作品深受欢迎。锦鲤画家徐金泊先生非常关注高唐锦鲤产业的发展，在李苦禅艺术馆举办了锦鲤画展，锦鲤跃然纸上，引起轰动。李苦禅之子、清华美院教授李燕先生题词勉励"古传鲤鱼跃龙门，今看锦鲤富高唐"，欧阳中石先生欣然为高唐题写"中国锦鲤第一县"。卅里铺锦鲤产业特色镇与李奇庄（李苦禅故里）、河涯孙庄村（孙大石故里）和马颊河组成了"三点一线"亮丽的风景线，国家、省、市有关单位来此考察调研时给予了高度评价，现已成为乡村振兴、农民致富的好样板。

高唐锦鲤产业的发展未来可期，"高唐多平湖，锦鲤应无恙，当惊世界殊，不管风吹浪打，胜似闲庭信步。"创建锦鲤之都，助推乡村振兴。带动百业跃龙门，多为人民造福。高唐为国要增光，产业做大做优又做强。立足新发展阶段，贯彻新发展理念，构建锦鲤发展新格局。一鱼带来百业兴，百业锦鲤跃龙门。带动百业跃龙门，多为人民造福。

天上黄河，万里水长，千年黄河水和今天的黄河水在高唐大地交融，滋润着古老而神秘的大地，处处勃勃生机，呈现出欣欣向荣的景象。马颊河、徒骇河犹如两条巨龙，盘踞在高唐大地上，形成龙门之势，高唐锦鲤正蓄势待发，展现新姿，跃出龙门，化作一条条飞龙送去祝福，让世人同享高唐锦鲤的荣光。

三、高唐锦鲤产业现状

高唐县委县政府始终高度重视锦鲤产业发展和锦鲤文化挖掘培育，持续将锦鲤产业列入高唐县国民经济及社会发展规划重点内容推进，渔业结构进一步优化，龙头企业及示范基地日益壮大。

1. 产业基础扎实

按照"一带一园一镇"发展总思路，夯实锦鲤产业基础。规划建成了我国北方最大的优质锦鲤产业带和集观赏品鉴、科普培训、研发推广于一体的多彩渔业科技园。全县从事锦鲤养殖的农户390多户，拥有水产养殖企业47家、行业协会2家、锦鲤营销经纪人160名，拥有3个国家级水产健康养殖示范场、4个省级水产健康养殖示范场、1个省级现代渔业示范园区、1个省级锦鲤水产良种场、锦鲤文化观光休闲基地26处；全县锦鲤养殖品种近30个，养殖面积达8 000余亩，高标准工厂化养殖车间近3万 m^2，年苗种繁育能力达3亿尾，高品位优质锦鲤1 000万尾左右，总产值达10亿元。2015年，高唐县首获"中国锦鲤第一县"称号，2020年连续再获殊荣，2022年获得"中国锦鲤之都"称号，2023年获"锦鲤故里"称号。在业内赢得"中国锦鲤看北方，北方锦鲤看高唐"的美誉，高唐锦鲤已形成了影响山东省乃至全国的锦鲤产品、技术、供需、品鉴、文化、管理等诸多环节的产业集散中心，产业规模和水平位于全国前列。

2. 品牌内涵丰富

大力实施品牌战略，突出特色，打造精品，培育了"富贵双色""富贵三色""驼背龙""鑫盛和""锦冠成""绣程"等锦鲤产品企业商标。2017 年，"高唐锦鲤"获得中国地理标志证明商标认证，2019 年、2020 年连续两次获得国际渔业科技博览会金奖，高唐县获"全国渔业优势区域奖"。通过"政府搭台，企业唱戏"的方式，先后成功举办 4 届全国性锦鲤大赛，统一组织参加观赏鱼博览会等各类活动近百次，使高唐锦鲤在国内外市场的知名度和影响力得以显著提高。

3. 养殖技术先进

高唐县政府积极出台政策构建了国内知名专家领衔的锦鲤养殖专业技术创新组，为锦鲤产业发展提供强有力的技术支撑。高唐锦鲤良种选育及苗种培育技术研究等技术水平达到国内领先，"锦鲤无水挂卵孵化装置""锦鲤养殖用旋转式投饵机"等 14 项专利技术均已获证。《高唐锦鲤养殖技术规范》和《高唐锦鲤苗种繁育技术规范》两项团体标准正式颁布实施，"锦鲤标准化试点项目"圆满完成并通过省级验收。

4. 技术力量雄厚

高唐县渔业系统拥有专业技术人员 46 人，其中，高级职称 12 名，中级职称 26 名，技术力量雄厚。多年来，高唐县一直坚持把实施"科技兴渔"战略作为推进渔业经济可持续发展的重要举措，坚持科研与生产相结合，加快科技引进、开发创新力度，充分发挥科技在锦鲤苗种繁育和养殖中的推动作用，与中国海洋大学、上海海洋大学、山东省淡水渔业研究院、天津农学院、山东农业大学、烟台大学等科研院校密切协作进行专业课题攻关，为高唐县锦鲤产业可持续发展提供了强有力的技术支撑。共同实施多个渔业科研攻关和技术推广项目，例如"锦鲤新品种选育培育试验"项目、"现代渔业锦鲤养殖示范园区"项目、"锦鲤工厂化养殖园区"项目、"工厂化温室锦鲤苗种培育技术"项目、"工厂化循环水生化过滤技术"项目、"微生态制剂水质调控技术"项目等。同时，注重科技在企业发展中的作用，各企业、合作社都有专业技术人员，建有综合实验室，负责水质分析、化验、病害检测、预防、治疗等。特别是各大养殖企业常年注重锦鲤良种繁育及品种改良研究，着力加强锦鲤良种体系建设，不断提升苗种繁育、良种选育、血统传承、养殖生产等方面的能力，选育了具有自身特色的优良品种，实现了苗种生产良种化，形成了先进的技术路线和工艺流程，高唐县盛和水产养殖有限公司创建了山东省内首家也是唯一的"省级锦鲤良种场"。选育的锦鲤新品种"驼背龙锦鲤""富贵红白""富贵白三色""富贵黑三色"，其体型呈纺锤形，线条圆润流畅，具有自己的特质。"富贵红白"绯盘成牡丹红色，色块均匀整齐，边际清晰。"富贵白三色"白底瓷实如玉，花纹清晰。"富贵黑三色"头部呈闪电状，墨块清晰，墨质凝聚呈玉黑色，边缘呈蓝色柔光，绯盘厚重，并得到业界认可。高唐县池丰锦鲤养殖专业合作社研制开发的"池丰"锦鲤开口饲料，经对比试验，在锦鲤绯盘形成的光泽度、厚实度以及墨块凝聚度、白色瓷实度方面均好于其他品牌饲料；该场研发的生物培养肥，在锦鲤苗种培育中效果良好，浮游生物 2~3 d 即可达到高峰期，明显快于常用有机肥。各类科研项目，均获得圆满成功，已形成比较完善的催产、孵化、养殖成套技术体系，成果达到国内先进水平，有力推动了山东省乃至全国锦鲤养殖技术水平的提高和行业的迅猛发展。

5. 市场前景广阔

观赏鱼产业已从水产养殖业的一个分支，逐渐演变成为新兴产业，被业界人士称为"朝阳产业"，必将迎来一个巨大的消费市场。从国际市场来看，锦鲤等观赏鱼已成为仅次于猫、狗的第三大宠物。据了解，美国对包括锦鲤在内的观赏鱼的年进口额超过20亿美元，且90%进口来自亚洲；香港观赏鱼年出口额超过2亿港元；日本观赏鱼年销售额超过1 000多亿日元；欧盟、加拿大、以色列、土耳其、波兰、匈牙利、阿根廷、巴西等国家都是重要的观赏鱼消费市场。从国内市场看，我国观赏鱼年交易额超过90亿元，且每年以15%左右的速度增长，特别是高档品种供不应求，市场需求巨大。随着人们生活水平的逐步提高，越来越多的人开始寻找有益健康与平静的休闲嗜好。家庭水族箱已成为标准化消费产品，将水族箱融入整体家居设计、美化家庭环境已成为时尚潮流。受传统文化熏陶，我国人民及世界各地华人自古就有喜欢鱼的习惯，特别对"鲤鱼"情有独钟，因我国文化中自古就有"鲤鱼跳龙门"之说，再加上"鱼"与"余"同音，象征年年有余。锦鲤作为观赏鱼中的佼佼者满足了人们的双重需求，不仅色彩斑斓艳丽，其体态更是潇洒优美、雍容华贵，它那雄美的游姿曼妙婀娜，好似一幅灵动的山水画，又似水中的彩色活宝石。因为锦鲤的寿命可超过100岁，所以它寓意吉祥、和平、长寿，因此也越来越多地受到不同年龄段人的喜好，在世界各地都有众多的发烧友。有专家预测，锦鲤这一"朝阳产业"不久将成为一项支柱产业，发展前景十分广阔。

为了使锦鲤产业健康可持续发展，高唐县坚持"政府推动、企业为主、市场导向"原则，打通产业链条上的"最后一公里"，不仅采取各种政策和优惠措施推动高唐锦鲤上规模、上品种、上档次、做大做强；同时注重做好市场销售环节，建立锦鲤交易市场，加强行业规范管理和监督检查，进行公平交易。各锦鲤生产龙头企业、专业合作社、养殖户强化自律意识，签订行业自律责任承诺书，承诺价格公道，无假冒伪劣、以次充好、以假乱真、欺行霸市现象。实行订单生产和销售的企业、养殖户，要严格按照协议规定执行，保障养殖者、销售者、购买者之间合法权益和均衡利益。渔业主管部门和质检、物价部门成立联合督导组，对全县锦鲤经营企业、合作社、养殖户进行质量和市场交易监督、检查或督导，保证市场公正有序。目前产品市场销路良好，除了销往山东省内青岛、济南、潍坊、淄博、威海等城市外，还远销香港、北京、广东、乌鲁木齐、黑龙江、吉林、辽宁、武汉、云南、贵州、四川等省（区、市）。

6. 宣传推广赋能助力

各锦鲤生产企业、专业合作社、养殖户本着"质量第一，信誉第一，用户至上"原则，严把产品质量，信守服务承诺，与广大用户建立了良好的合作关系，受到用户的广泛好评。宣传推广方面，一是利用电视、报纸等传统媒体扩大高唐锦鲤知名度。山东电视台《乡村季风》栏目组对高唐县锦鲤产业发展作了专题报道。《"小鱼"跃龙门游成大产业》《高唐锦鲤"游"向全国》《高唐县锦鲤"游"出大产业》《小锦鲤游出亿元产业》等宣传推广文章分别发表刊登在《人民日报》海外版、《大众日报》《农民日报》《聊城日报》等各级党政报刊中，并在有关网站转发，引起强烈反响和轰动效应。二是开展网络宣传销售，积极组织推荐锦鲤养殖企业参加各级各类互联网＋峰会暨中国水产商务网电商周活动，通过京东、微拍堂等互联网交易平台对外推介高唐锦鲤。在"池丰""盛和""独秀"等现有品牌的基础上，突出特色，精心打造一批品牌项目、品牌活动和品牌设施。同时，积极参加各类观赏鱼博览会、展览会、比赛、拍卖会等，提高宣传推介活动的档次和质量，进一步扩大高唐锦鲤在国内外市场的知名度和影响力。

7. 经济效益显著

高唐县积极调整渔业产业结构，以锦鲤产销为主抓手，大力发展高效特色渔业，催生了一大批起点高、辐射带动能力强的锦鲤养殖龙头企业。在龙头企业的带动下，高唐锦鲤产业呈现出蓬勃发展之势，经济和社会效益显著。目前，全县锦鲤养殖总面积超过8 000亩，每亩产生的经济效益比单纯种植增收8 000～10 000元。年繁育优质锦鲤苗种过亿尾，年产值13亿元以上，约占全县水产业总产值的76%。"尾鱼吨价"（即一尾高档锦鲤的价格相当于1 t普通食用鱼的价格）是对高唐锦鲤产业养殖效益的形象赞誉。通过发展锦鲤产业，不仅打造了"高唐锦鲤"品牌，形成集聚效应，还让更多农民通过养殖锦鲤快速走上致富路。锦鲤产业发展进一步促进了高唐水产养殖产业的结构调整和产品的优化升级；提高了渔民对水产养殖业关注度、调动了养殖户的积极性，带动产业技术水平不断提高，提升了高唐的知名度和美誉度，同时对物流、中介、信息服务、旅游业、宾馆、餐饮业、水族器材、鱼药、病害防治等相关行业都有较好的拉动作用，进一步拓宽了农民就业渠道，促进了农业增效、农民增收。

8. 融合发展作用强大

按照"锦鲤+"模式打造锦鲤文化产业特色镇，集锦鲤养殖区、锦鲤交易中心、锦鲤文化博物馆于一体，覆盖苗种、渔药、饲料、技术服务、仓储物流、批发市场、营销推介等关键环节的农（水）产品产业园，有效实现一二三产业的高度融合发展，解决就业3 000余人，示范辐射带动作用显著。

四、高唐锦鲤产业规划及展望

"锦鲤故里""中国锦鲤之都"的金字招牌、"高唐锦鲤"拥有的"地标"特殊身份以及成果、专利等更加丰富的独特品牌内涵，彰显了"高唐锦鲤"品牌所蕴含的巨大市场潜力，是大农业供给侧结构性改革、新旧动能转换以及大旅游等朝阳产业的有生力量，也是壮大地方经济、提升地方知名度、加快乡村振兴的主力军。面对新形势、新挑战和新机遇，在新时代下，加快高唐锦鲤产业高质量发展，需要把握以下重点方向。

1. 务必果断抢抓机遇

"高唐锦鲤"产业发展，目前遇到的机会是中国渔业协会的关爱和支持，协会将"锦鲤故里""中国锦鲤之都"落户高唐的行动，这是高唐锦鲤产业发展的一次珍贵机遇。可以有更多的机会邀请、聚集全国乃至国际行业权威人士来高唐交流、研讨、探索锦鲤产业的发展课题，不仅对产业有极大促进，对提高高唐的知名度，展现高唐的美好形象也将意义深远，因此，这种机遇必须果断抓住、抓牢，让其深深扎根、开花结果。

2. 务必用心研懂政策

政策是国家扶持行业发展的动力，能利用上政策，首先要研判、懂透政策。国家制定出台的与行业有关的规划、指导意见等应该掌握。直接、好用的政策是山东省农业农村厅每年关于渔业的工作安排及相关重要投资方向的信息，一定要吃透、懂透，密切联系好高唐的实际，对号入座，超前入手，尽早拟定工作方案，第一时间向上级有关部门领导汇报，为开展工作做好铺垫，赢得先机。

3.务必强化产业扩展

"一枝独秀不是春，百花齐放春满园"。一个产业的发展，单靠一产永远不够，特别当前存在的供需之间的突出矛盾，就必须通过供给侧结构性改革来破解。低档、低劣的产品过剩、积压，价值很低，高品质、高层次的产品短缺、难求。所以，产业的发展，呼唤从一产向二产、三产扩展。"高唐锦鲤"的供应渠道虽然已比较畅通，但价值显现远远不够，如果与休闲、旅游业有机结合起来，进行精品提升，开发出高档特色、旅游、文化系列产品，其价值将有3～5倍的提高，空间巨大。

4.务必超前高端设计

高唐成为全国唯一的"锦鲤故里""中国锦鲤之都"，锦鲤文化与古老璀璨的高唐文化密不可分，源远流长。高唐锦鲤产业的提升，有必要进行高端设计、全方位打造。设计、规划建设系统，高端、先进的"高唐锦鲤"产业区，是新时代高唐锦鲤产业发展的方向，也是打造全国优质锦鲤供应基地的务实选择。

5.务必精准重点打造

产业龙头的作用举足轻重、不可忽视，务必进行重点打造、重点培养。高唐锦鲤的产业龙头要把握、掌控好这条鱼的"生命"——品牌和品质，如果丧失了这个"生命"，高唐锦鲤产业将毁于一旦，龙头企业的职责也都在这条"生命"上。首先，要确保"高唐锦鲤"良种的纯正、优质，努力建设省级锦鲤良种场，形成独特的良种锦鲤的生产、繁育标准；其次，全程按照标准要求、控制、管理养殖生产各个环节；最后，高标准实施品质提升工程，改进设施，更新技术手段，强化监管，整个品质提升过程都能让关注者可视、可查、可信。

第二章　锦鲤的生物学特性

锦鲤 *Cryprinus carpiod* 在生物学上属于鲤科（Cyprinidae），鲤科是包含鱼种最多的科，现有鱼种超过 1 400 种。锦鲤原产地在中亚细亚，后来传到中国，再由中国传入日本，现全球有品种 100 余个。锦鲤是鲤鱼的变种，体形和鲤鱼相似，介于鲤鱼、鲩鱼之间，体躯侧扁，呈纺锤形，个体较大；头部前端有吻须两对，身上有绚丽的色彩和变幻多姿的斑纹。锦鲤是鲤鱼的一个变异杂交品种，是由于养殖环境变化引起体色突变，通过近 300 年的人工选育和杂交而培育出来。由于它对水质要求不高，食性较杂，易繁殖，同时因其长寿寓意吉祥，相传能为主人带来好运，是备受青睐的风水鱼和观赏鱼种。

锦鲤对水温、水质的要求不严，适于生活在微碱性、硬度低的水质环境中。锦鲤生性温和，喜群游，易饲养；杂食性，一般采食软体动物、高等水生植物碎片、底栖动物以及细小的藻类或人工合成颗粒饵料。锦鲤性成熟为 2～3 龄，每年 4—5 月产卵，寿命长，平均约 70 岁。

锦鲤是一种高档观赏鱼，有"水中活宝石"的美称。锦鲤在中国最早仅饲养于王宫贵族和达官显贵的宅邸，后来逐渐被饲养于寺院中，普通平民难得一见，因此被蒙上一层神秘色彩。锦鲤是日本的国鱼，色彩鲜艳、变化多端，游姿飘逸，观赏价值高，被称作"会游泳的艺术品"。在中国，锦鲤有飞黄腾达的寓意，所以被很多人饲养于庭院里或者水族箱中，是十分受欢迎的鱼类宠物。

锦鲤的祖先就是常见的食用鲤，鲤鱼的原产地为中亚细亚的波斯，后经中国、朝鲜传入日本，在日本被改良为专用于观赏用的锦鲤。中国古代宫廷最早从唐代开始就已经有大规模养殖锦鲤的记录，已有 1 000 余年的养殖历史，金鱼和锦鲫则有 1 400 多年的历史。古代宫廷技师按照培育金鱼、锦鲫的方法筛选出来的符合大众审美观的变异品种，锦鲤品种的原始品种为我国的红色鲤鱼（如江西的红鲤、杭州的金鲤等），红鲤作为观赏鱼在明代已经非常普及。早期的锦鲤被称为绯鲤、花鲤豹、色鲤、花鲤、变种鲤，后改称为锦鲤。养殖者对变异的鲤鱼进行筛选和改良，培育出具有网状斑纹的浅黄和别光。又培育出白底红碎花纹的红白鲤。多年的培育与筛选，使锦鲤发展到全盛时期。锦鲤因其鱼体表面色彩鲜艳、花色似锦，故得其名。现在凡是具有色彩、斑纹以供人欣赏的鲤鱼都称为锦鲤，目前已达 13 个大类 126 个品种。锦鲤各个品种之间在体形上差别不大，主要是根据身体上的颜色不同和色斑的形状来分类的。它具有红、白、黄、蓝、紫、黑、金、银等多种色彩，身上的斑块几乎没有完全相同的。锦鲤以红白、白底三色、墨底三色为最具代表性的品种，其他还有黄金鲤、德系锦鲤（如德系红白、德系三色、秋翠、菊水）、变种鲤。德国鲤的原种为黑色，只供食用，用德国鲤与锦鲤杂交改良成少鳞或无鳞的德系锦鲤，培养出如德国黄金、德国红白、秋翠等德国鲤品系的锦鲤。近些年又培育出银光闪烁的金银鳞品系，使锦鲤具有更高的观赏价值。锦鲤的发展同我国的金鱼有着相似之处，早期锦鲤只是皇家王宫贵族和达官显赫等家庭的观赏鱼，或饲养于寺院神庙，平民难得一见，所以把它称为"神鱼"，为其蒙上种种神秘色彩。后来，锦鲤在民间流传开来，人们则把它看成吉祥、幸福的象征。锦鲤是一种高贵的大型观赏鱼，它以其缤纷艳丽的色彩、千变万化的花纹、健美有力的体型、活泼沉稳的游姿，赢得"观赏鱼之王"美称，被称为"游动的艺术品""水中活宝石"。锦鲤有一种以力称雄的内涵，雄健的躯干给人以力量的感觉和魄力的启示，具有其他观赏鱼不具备的泰然自若、临危不惧的大将气度。日本锦鲤第一次输入中国是在 1938 年。1973 年日本首相将一批锦鲤赠送给中国，这批锦鲤由北京花木公司养殖。1983 年，广州金涛企业有限公司率先将日本锦鲤引入中国，在广州兴建了大型养殖场，并向全国推介，掀起了锦鲤在中国商品化养殖的高潮。1986 年，在北京首届中国花卉博览会上，展出了新引进的锦鲤，时任副总理万里等国家领导人都认真地观看并仔细了解。1988 年，在广州每年一度的迎春花市上，亮出了第一缸高级锦鲤，当时 9 尾锦鲤鱼标出了 198 800 元的天价。1997 年，为庆祝中日两国恢复邦交 25 周年，日本知名的对华友好人士平泽要作先生向中国人民赠送日本锦鲤 108 条，该批锦鲤被放到四川省水产科学研究所养殖。1996 年和 1997 年的春节，在广州的"东方乐园"举办了规模空前的"穗港日锦鲤展"，展出的锦鲤超过千尾，最大的有近 1 m，吸引了广东、香港地区和附近城市的群众前来观看，每届的参观人数都超过 20 万人，展览期间还举办了锦鲤养殖技术讲习班。2001 年在中国观赏鱼研究会的支持下，在广东省的清新县清新温矿泉旅游度假区成功地举办了"第一届中国锦鲤大赛"。这次大赛还举办了锦鲤研讨会，推动了锦鲤养殖和鉴赏的科学进程。2001 年至今，已成功地举办了 20 多届中国锦鲤大赛，每届的参赛锦鲤都逾千尾。通过这些活动，将锦鲤介绍给广大观赏鱼爱好者和养殖者，从而快速地推动了锦鲤养殖业的发展。目前，我国的锦鲤养殖业已初具规模。锦鲤已在国内有了比较广阔的市场。养殖场不仅出现在观赏鱼养殖较发达的广东、福建、北京、天津、上海、江苏等省（市），湖北、河南、四川、东北、山东等地区也有较大发展，尤其是山东省高唐县的锦鲤养殖，无论其规模还是养殖水平特别是锦鲤品质都有后来居上之势。锦鲤养殖者的队伍，从以往单纯的观赏鱼养殖者，发展到水产养殖者的加入及科研部门的介入，使锦鲤养殖的队伍更完整、更壮大。时至今日，锦鲤的身影已遍布全国各地，进入千家万户，成为观赏鱼的一大类。

锦鲤体格健美、色彩艳丽、花纹多变、泳姿雄然，具极高的观赏和饲养价值。其体长可达 1～1.5 m，锦鲤由不同的色彩、图案和鱼鳞来区分。其中，蝴蝶锦鲤于 20 世纪 80 年代才培育成功，以长而平滑的鳍而出名，其实际上是由锦鲤和亚洲鲤鱼杂交而成，并不是真正的锦鲤。

锦鲤的色彩包括一种到数种颜色，其中包括白、黄、橙、红、黑和蓝（一种由于鱼鳞下黑色所呈现的浅灰色阴影），颜色呈无光或有光泽的。尽管图案有着无尽的变化，但最好的图案是头顶的圆形小斑点和背部阶梯石状的图案。鱼鳞可以有，也可以没有；大或小；或者有皱褶，如同"钻石"一般。

锦鲤为杂食性。锦鲤生性温和，喜群游，易饲养，对水温适应性强。可生活于 5～30℃水温环境，生长水温为 21～27℃。除水温的高低和饵料的丰富能影响锦鲤的生长速度外，雌、雄鱼的生长也有很大的差异。锦鲤的年龄测定，与多数鱼类相同，测定鳞片的年轮数，即表示锦鲤的年龄。

一、锦鲤主要品系

锦鲤品种的划分主要根据其发展过程中产生的不同颜色以及不同的鲤种而分成若干大品系。由于锦鲤发展的历史比较短，所以它所产生的后代不像其他动物遗传比较稳定，而只能从大的品系来划分。

锦鲤养殖历史悠久，到目前有 100 余个品种。根据鳞片的差异可分为两大类，即普通鳞片型和无鳞型或少鳞型，无鳞的草鲤和少鳞的镜鲤是从德国引进的，所以常叫作德国系统锦鲤。按其斑纹的颜色即可分为三大类，即单色类如浅黄、黄金、变种鲤等；双色类如红白、写鲤、别光等；三色类如白底三色、墨底三色、衣等。按体色、斑纹及鳞的特征，分为十三类，现在一般采用13种分类法，即红白锦鲤、白底三色、墨底三色、写鲤、别光、浅黄秋翠、衣、变种鲤、黄金、花纹皮光鲤、写光鲤、金银鳞、丹顶。其中红白锦鲤、白底三色锦鲤、墨底三色锦鲤均为锦鲤的代表种类。

1. 红白锦鲤的特征及品种

是锦鲤中最具代表性的品种之一。红白锦鲤的主要特征是鱼体的底色为白色，上缀有不同形状的红色斑块，红白相映，清晰明快，色彩对比鲜明夺目。红白锦鲤是1917年由全身具有红点斑纹的雄性"缨斑鱼"，与头顶有红斑纹的雌鱼杂交培育而成的。其白色像白雪一样，不可带有黄色或浅黄色。红色越深越好，但必须是格调高雅而明朗的红色。一般说来，应选择以橙色为基础的红色，因其色调高雅亮丽，一旦色彩增浓，品位也就更高。红色要油润鲜红，具光泽。红斑在身体的背部的分布要匀称，具美感。要求斑纹的边际整洁，红斑和白色间的分界线要清晰分明，没有过渡色，这在锦鲤养殖界被称为"切边"整齐。红斑花纹的分布要求在头部前不过嘴吻，两边不下眼；在头骨之后称为肩的部位有白色分割者，称为具"肩裂"；在尾柄处有一红色斑块的结尾，称为"尾结"；红斑下卷超过侧线而延伸到腹部者，称为"卷腹"，这种红斑更具美感，同时在水族箱中更具观赏价值。

锦鲤界有"始于红白，终于红白"的美称。红白锦鲤中最可贵的品种是白色中绯红色要在眼部之上；其次是嘴部没有绯红色而只是白色的是上等鱼。

根据其背部斑纹的数量、形状和部位可分为以下品种。

（1）根据红斑分段的数目不同，可分为2～4段。"两段红白"，在洁白的鱼体上，有 2 段绯红色的斑纹，宛如红色的晚霞，鲜艳夺目。躯干部的红斑，要左右对称才算佳品；"三段红白"，在洁白的鱼体背部生有 3 段红色的斑纹，非常醒目；"四段红白"，在银白色的鱼体上散布着 4 块鲜艳的红斑。

（2）"闪电红白"又称为"一条红锦鲤"，从头部到尾柄有一红色条带斑纹，斑纹形状恰似雷雨天的闪电光弯弯曲曲。

（3）具有大块红斑纹的称为"大模样红白"。

（4）具有小块红斑纹的称为"小模样红白"。

（5）红斑呈点状分散，呈现如梅花鹿色斑的称为"鹿子红白"。

（6）表面具金属光泽的称为"白金红白"。

（7）经红白锦鲤与德国镜鲤杂交，而培育出身上无鳞或少鳞的红白锦鲤称为"德国红白"。

（8）富士红白锦鲤。这种锦鲤的头上缀有银白色粒状斑点，好似富士山顶的积雪，别具风格。但是，此斑点一般只出现在 1～2 龄的鱼体上，长大后有时会消失。

（9）御殿樱锦鲤。小粒红斑聚集成的葡萄状花纹，均匀地分布在鱼体背部的两侧。

（10）金樱锦鲤。与御殿樱锦鲤相似，但在其红色鲜艳的鳞片边缘镶有金色的线，故称为金樱锦鲤。此鱼为名贵品种，外表非常美丽。其他还有白无地（全白）锦鲤、赤无地（全红）锦鲤等。

2. 白底三色锦鲤的特征及品种

锦鲤的代表品种，体色有红、黑、白 3 种颜色。主要特点是在鱼体的纯白底色上缀有红色和黑色组成的斑纹图案，以头部红斑清晰、背部有黑斑、胸鳍上有黑色条纹者为上品。正宗品种的黑色部分如墨一样漆黑，背侧和谐地排列着大的绯红色斑纹和黑色斑纹。体色在红白锦鲤的红白体色标准的基础上，有少量小块的墨斑，胸鳍有放射条状黑纹；身体上的墨斑要集聚，不要过分分散，黑色色质要墨黑，以黑斑不进入头部为标准，身上的墨斑在白色部位上出现的为最上乘，称为"穴墨"。身上的色斑要求色质浓厚，油润鲜艳，"切边"整齐，分布匀称。其主要特点是在鱼体的纯白底色上布红色和黑色斑纹。这种鱼，最好的是黑色部分如墨一样黑，背侧有大的绯红色斑纹和黑色斑纹和谐地排列。所有的颜色必须显现在背部上方才算正品。

白底三色锦鲤有的以斑纹新奇的色彩而制胜；有的却以姿态优雅、体形丰满、格调奇特而引人注目。白底三色锦鲤的品种较多，各有特色，有的斑纹新奇，有的姿态优雅，有的体形丰满、格调奇特。根据鱼体红色黑色斑纹的分布可分为以下几个品种。

（1）口红三色锦鲤。在鱼的嘴唇上生有圆形的鲜艳小红斑，极为俊俏，非常优美。

（2）富士三色锦鲤。此锦鲤在鱼体雪白的底色上，除有红、黑两种斑纹以外，头部有银白色粒状斑纹。

（3）赤三色锦鲤。指从头至尾柄有连续较大面积红斑纹。

（4）德国三色锦鲤。以锦鲤为基本型，三色锦鲤与德国镜鲤杂交，培育出身上无鳞或少鳞的三色称为德国三色。鱼体无鳞，在白色皮肤上，赫然呈现出红、黑斑纹。幼鱼时期鱼体尤为华丽。

其他还有德国赤三色锦鲤、鹿子三色锦鲤、衣三色锦鲤、大和锦三色锦鲤、三色秋翠锦鲤、衣三色锦鲤、金银鳞三色锦鲤、丹顶三色锦鲤等。

对白底三色锦鲤斑纹的要求是：白底要与红白锦鲤一样，必须纯白，不应呈浅黄色。红斑也与红白锦鲤要求一样，必须均匀浓厚，边缘清晰。头部红斑不可渲染到眼、鼻、颊部。尾柄后部最好有白底，躯干上斑纹左右均匀，鱼鳍不要有红纹。头部不可有黑斑，而肩上须有黑斑，这是整尾鱼的重点。

3. 墨底三色锦鲤的特征及品种

墨底三色锦鲤也是锦鲤的代表品种。体色具有红、黑、白三色的品种。体色以大块墨色为底色，有分布匀称的红、白色斑。墨底三色锦鲤具有较高的观赏价值，与红白锦鲤、白底三色锦鲤并称为"御三家"，为锦鲤的代表品种。

墨斑进入头部，这是墨底三色的品种特征，也是与白底三色的主要区别之处。传统的墨底三色在头部的墨斑呈倒"人"字形分布者为正宗；胸鳍基部有半圆形墨斑，称为"圆墨"，有些在口内的上额处还看到黑色色块。墨底三色要求墨色浓厚，红白斑分布匀称，体型粗大，极具锦鲤所表现的力的美感，但其在一龄以下则色泽非常之浅薄，要在三龄以上才可以真正看出它的美姿。墨底三色锦鲤具有较高的观赏价值，华丽而矫健，是锦鲤中的精华。其主要品种如下。

（1）淡黑三色锦鲤在其黑斑上，所有的鳞片呈浅黑色，淡雅优美，别具风采。

（2）绯三色锦鲤从头部至尾部，有大面积的红色花纹，红黑相同，艳丽而庄重。

（3）德国三色锦鲤以镜鲤为基本型，德系锦鲤鱼体披上墨底三色锦鲤的彩衣，斑纹鲜艳亮丽。

墨底三色锦鲤根据其体色还有淡黑三色锦鲤、金银鳞三色锦鲤、丹顶三色锦鲤等。

对墨底三色锦鲤的斑纹要求是：头部必须有大型红斑，红质均匀，边缘清晰，以色浓者为佳。白底要求纯白，头部及尾部有白斑者品位较高。墨斑以头上有隔断者为佳，躯干上墨纹必须为闪电形或三角形，粗大而卷至腹部。胸鳍不应全白、全黑或有红斑。

4. 写鲤的特征及品种

写鲤又称写物，其特征因品种不同而有一定的差别，是锦鲤品种的一个大类。该类品种分别在白色、红色、黄色的底色上有大块的墨斑，有如大块的墨色写画在上面，故称为"写鲤"。其基本体色只有两色，其色斑与传统墨底三色相似，黑斑进入头部，在头部的墨斑呈倒"人"字形分布；身体上有大块墨斑，胸鳍基部有半圆形墨斑，称为"圆墨"，有些在口内的上额处还看到黑色色块。根据其底色的不同，分别将其称为"白写""黄写""绯写"。最具代表性的为白写锦鲤，其白底像红白锦鲤一样，应为纯白，其体色白色雪白，墨斑墨黑；体型粗壮，游姿优美。其主要品种如下。

（1）白写锦鲤。其三角形斑纹呈白色。此鱼黑白分明。

（2）黄写锦鲤。在白底上缀有黄斑纹，黄斑纹金黄而有光泽。

（3）绯写锦鲤。其三角形斑纹黄色较浓已呈橙红色，胸鳍也有红色斑纹。

黄写锦鲤、绯写锦鲤与墨底三色锦鲤所要求的黑斑的质地、斑纹相同，色彩越浓越好，且胸鳍应有美丽的条形斑纹。还有一种德国写鲤，以德国锦鲤为基本型，鱼体表无鳞或呈散鳞型。

5. 别甲锦鲤的特征及品种

别甲锦鲤是锦鲤品种的一个大类。在洁白、绯红、金黄的不同底色上背部呈现出小块墨斑的锦鲤，犹如一块块甲片，称为别甲锦鲤。体色的墨斑与白底三色的墨斑相似，黑斑不进入头部，以背部两侧小块黑斑分布比较匀称者为佳，胸鳍有放射条纹。其主要品种如下。

（1）白别甲锦鲤。鱼体的底色洁白，其上的黑斑纯黑、色浓，分布于躯干部和尾柄部，黑白相同，色彩极为明快清秀。

（2）赤别甲锦鲤。鱼体底色为红色，背部有黑斑纹。

（3）黄别甲锦鲤。在黄色的鱼体上，点缀着漆黑如墨的黑斑。

别甲与德国镜鲤杂交，培育出身上无鳞或少鳞的别甲品种分别称为"德国白别甲""德国赤别甲""德国黄别甲"，德国别甲锦鲤是一种以德国锦鲤为基本型，又具别甲色彩特征的锦鲤。

6. 浅黄锦鲤的特征及品种

浅黄锦鲤是原始品种之一。背部呈深蓝色或浅蓝色，有清晰的鳞片网纹，鳞片的外缘呈白色，左右颊颚、腹部和各鳍基部呈红色，以侧线以下有整齐鲜明的橙黄色者为正宗上品；橙黄色进入背部的称为"花浅黄"。该品系如背部的鳞片网纹不清晰，就算其橙黄色再鲜艳，也属于下品，难登大雅之堂。

秋翠是浅黄锦鲤与德国镜鲤杂交培育出的品种，属于德国品系的浅黄。其背部和两侧侧线上各有一条排列整齐的镜鳞，以背部为翠蓝色，侧线下为橙黄色者为正宗上品；橙黄色染上背部的称为"花秋翠"；身上除上述鳞片排列以外，其他位置上有鳞或有大小不一的鳞片者，称为"蛇皮鳞"，属被淘汰的下品，而不能作为商品鱼。浅黄和秋翠这两个品种，在一至三龄中非常漂亮，然而随着年龄的增长，其背部的浅蓝色鳞网纹和腹部的橙黄色会逐步褪色，甚至消失，并在身体上出现一些小黑点，从而降低了观赏价值，因而要保持其鲜艳的颜色，保证饲料营养和保持良好的水质是关键。

根据其体色浓淡程度，浅黄锦鲤有以下几个品种。

（1）绀青浅黄锦鲤鱼体呈鲜艳的深蓝色，接近于真鲤的颜色，知名度较高。

（2）水浅黄锦鲤是浅黄锦鲤中鱼体颜色最浅的一种。

（3）鸣海浅黄锦鲤的色彩较绀青浅黄锦鲤略淡，是浅黄锦鲤中最具代表性的种类。其鳞片中央呈深蓝色而周围较浅，好像波光潋潋的湖面。

（4）秋翠锦鲤为德国鲤系统的浅黄锦鲤。其背部光润，鱼体犹如秋季湛蓝色的天空；背部和侧线处各有一排排列紧密的鱼鳞，从头通向尾部；鼻、颊、腹及鱼鳍基部，均生有鲜艳的红色斑纹，鱼体蓝红相映，格调雅致，其优美之态，令人赞叹不绝。按红斑生长的位置不同，又有花秋翠锦鲤、绯秋翠锦鲤和珍珠秋翠锦鲤3个品种。

7. 衣锦鲤的特征及品种

锦鲤品种的一个大类，是红白锦鲤或三色锦鲤与浅黄锦鲤杂交的后代。其特征是在锦鲤的红斑下有若隐若现的蓝色，有如穿了一件秋蝉薄衣，衣锦鲤之所以称谓衣，是指在原色彩上再套上一层好像外衣的色彩。其主要品种如下。

（1）蓝衣锦鲤是红白锦鲤与浅黄锦鲤杂交的后代，在红白的红斑下有浅蓝色的称为"蓝衣"，在红色斑纹上略带蓝色，而红斑上的鳞片后缘又有半月形的蓝色网状花纹。是锦鲤中受欢迎的品种之一。

（2）墨衣锦鲤在红白锦鲤的红斑上再浮现出黑色的斑纹。

（3）衣三色锦鲤是蓝衣锦鲤与三色锦鲤交配所产生的品种。在白底三色锦鲤的红色斑纹上显露出蓝色斑纹。

（4）有黑紫色斑纹呈葡萄状分布于体背的，称为"葡萄三色"。

（5）在丹顶的红斑下有浅蓝色的，称为"衣丹顶"。

（6）除红斑外的底色为浅蓝色的，称为"五色"。

（7）衣锦鲤与德国镜鲤杂交，培育出身上无鳞或少鳞的衣的品种分别称为"德国蓝衣""德国衣三色""德国葡萄三色"。

8. 光泽类锦鲤

指鱼体为单色金黄的鲤鱼。这是一类全身具有闪亮的金属光泽的锦鲤品种。以闪亮的金属光泽覆盖全身，乃至各鳍上都覆盖满，特别是头骨上被全部均匀覆盖者为上品。体色金黄色的称"黄金"、体色银白色的称"白金"、体色金红色的称"红金"。与德国镜鲤杂交的品种称为"德国黄金""德国白金""德国红金"。

此类锦鲤中的代表品种如下。

（1）山吹黄金锦鲤鱼体呈纯黄金色，亮晶晶的鱼鳞排列整齐，发出金黄色的光芒。该鱼能耐高温，雄性成鱼体长可达 40 cm 左右，是深受欢迎的高级锦鲤品种之一。

（2）橘黄金锦鲤鱼体为纯橘黄色。

（3）灰黄金锦鲤鱼体银灰色，无鳞。

（4）白金锦鲤鱼体呈银白色，由黄鲤与灰黄锦鲤杂交而成。

9. 光写类锦鲤特征及品种

又叫写皮光鲤，是写鲤和黄金锦鲤杂交而成的后代，体表具有闪亮的金属光泽，其色斑与写类相似，身上有大块斑纹。主要品种如下。

（1）孔雀为墨底三色与黄金锦鲤杂交的品种，花纹分布与墨底三色相同。

（2）金黄写锦鲤是黄写锦鲤或绯写锦鲤与黄金锦鲤交配而成的品种。

10. 花纹皮光鲤的特征及品种

是杂交品种。凡是无鳞鲤并形成两色以上花纹的，均称为花纹皮光鲤（写鲤类除外）。此类锦鲤的体表有光亮的金属光泽，具相同稍深颜色的花纹。花纹分布与红白锦鲤的要求相似。

（1）菊水黄金。在全身白金色的底色上，浮现出橙黄色斑纹，尤其是头部和背部的银白色特别醒目。

（2）锦水锦鲤。在淡蓝色的鱼体上，显露出较多的红色斑纹。

（3）具黄色体色的称为"张分黄金"。

11. 丹顶锦鲤的特征及品种

丹顶锦鲤的特点是头部中央有鲜红色或单一颜色的圆形斑块，酷似白鹤头顶上的红冠。要求斑块前不到吻部，两侧不到眼眶，后不出头盖骨。身体上没有与头顶斑块相同的色块。此斑块的形状以圆形和"鞋拔"形（前圆后方）为上品。主要品种如下。

（1）红白丹顶锦鲤。全身银白，仅头部有一块鲜艳的红斑，浓妆素裹，堪称一绝，以斑块呈圆形者为上品。

（2）丹顶三色锦鲤。全身洁白，其上略有乌斑，头顶有一块鲜艳的圆形红斑，酷似白鹤的红冠，银白、乌黑、朱红三色相辉映，集素雅、鲜艳于一体，给人以美的享受。

（3）张分丹顶锦鲤。全身黄色，头部有金黄色的斑块。

（4）墨底丹顶锦鲤。此种鱼身躯斑纹与墨底三色锦鲤相似，唯头顶生有一块红色斑块。

12. 金银鳞

金银鳞锦鲤是通过不断地杂交得来的。鱼体全身有金色或银色鳞片，鳞片上有多棱反光面，闪闪发光，就像嵌满钻石一般。凡有此特征的品种，均在其名称前冠以金银鳞字样，如金银鳞红白、金银鳞三色。德国品系的锦鲤也培育出鳞片有反光的金银鳞品种。如果鳞片在红色斑纹上，则呈金色光泽，称金鳞锦鲤；在白底或黑底上，则呈银色光泽，称银鳞锦鲤。

13. 变种鲤的特征及品种

按锦鲤的 13 种分类法，除其中 12 种以外的其他品种都归属为变种鲤。变种鲤的色彩大多古朴典雅，别具一格。在绚丽鲜艳的红白锦鲤、白底三色锦鲤、墨底三色锦鲤鱼群中，它具有喧宾夺主的魅力。这个大类包含了许多品种的锦鲤，可以说还没有明确列类的锦鲤品种都归列到这一类中了，所以这是一个很杂的大类。最主要的品种有乌鲤、黄鲤、茶鲤、绿鲤、松叶锦鲤等。变种鲤品种如下。

（1）乌鲤。是由绀青浅黄锦鲤衍变的，属于锦鲤的原始品种。鱼体通身乌黑发亮，庄重大方，似我国金鱼中的墨龙睛颜色，具有很高的观赏价值。腹部为金黄色的称为"铁包金"；腹部为银白色的称为"铁包银"，全身都为黑色的则少见。乌鲤庄重大方，具有一定的观赏价值。乌鲤与德国镜鲤杂交，培育出身上无鳞或少鳞的品种称为"德国乌鲤"。根据鱼体上出现白色斑纹的部位又分为羽白锦鲤（胸鳍末端呈白色）、秃白锦鲤（胸鳍边缘、鼻尖、头顶呈白色）和四白锦鲤（头部、左右胸鳍、尾鳍呈白色）。还有秃白德国乌鲤、银鳞乌鲤、秃白银鳞乌鲤。

（2）黄鲤。鱼体呈明亮的黄色，闪闪发光。有红眼黄鲤和黑眼黄鲤之分，前者更胜一筹。

（3）茶鲤。锦鲤的最原始品种，体色茶绿色，背部鳞的花纹非常清楚，其最大特点是能养得很大，在日本有 1.5 m 长的，在水池中游动起来非常壮观。还包括"落叶"和"空鲤"。茶鲤与德国镜鲤杂交，培育出身上无鳞或少鳞的品种称为"德国茶鲤"，生长迅速，常有巨大的茶鲤出现。

（4）绿鲤。全身呈明亮的黄绿色。是锦鲤的新品种，非常少见，多为德国品系的少鳞或无鳞的体鳞。还培育出银鳞绿鲤、绿茶鲤、德国绿鲤。

（5）松叶锦鲤。与浅黄锦鲤同属古老的锦鲤品种。在每片鳞上浮现出黑色斑纹。若在红色鳞片上浮现白色斑纹，称为白松叶锦鲤。若在赤色鳞片上出现黑色斑纹，称为赤松叶锦鲤。

（6）松川化。锦鲤的原始品种。身被正常鳞片，体色在白底上有不规则的蓝黑色花纹的锦鲤。还有银鳞松川化、红松川化锦鲤。

（7）九纹龙。这是松川化与德国镜鲤杂交的品种，全身无鳞或少鳞，斑纹与松川化相似，淡斑纹相互交错排列，但身上的斑纹会随着季节而变化，在水温高的夏天，斑纹变少，而且色淡，水温低的冬天，则斑纹变深增多，非常有趣。还培育出金辉黑龙、红金辉锦鲤。

（8）落叶。锦鲤的原始品种。体色为蓝紫色，身上有茶褐色斑纹，斑纹分布匀称者为上品，该品种也能长得很大。

（9）紫鲤。是锦鲤的新品种。有两种，全身紫红色者，称为"紫鲤"；在紫红色的底色中，有深褐紫色斑纹的，称为"紫龙"。

（10）德国紫鲤。紫鲤与德国镜鲤杂交，培育出身上无鳞或少鳞的品种称为"德国紫鲤"。

（11）松叶。该品种背部具有清晰的网状鳞纹。有金黄色和银白色两种体色。全身金黄色的称为"金松叶"，全身银白色的称为"银松叶"，还包括红松叶、银鳞红松叶。

二、锦鲤代表品种

1. 松叶黄金

光无地（Hikari Muji）是全身发光，但无花纹的素色锦鲤。但鱼鳞带黑的松叶鲤亦被视为光无地，称之为"松叶黄金"。松叶黄金又称为"金松叶"（Kin matsuba），在"空鲤"系统的锦鲤就称为"银松叶"（Gin matsuba）。所产出的锦鲤是背顶及下腹部呈红色，头部、鳍均发出红色光泽，躯体是红褐色的松叶黄金。但到了2岁时即开始带黑变成了黑地浮红的锦鲤。常见的松叶黄金是经过改良的类型。松叶黄金的特征是躯体本身发光，而体上鱼鳞一片一片均有浮现松叶状的黑色斑。虽是黄金种，松叶鲤如果其鱼鳞排列紊乱就不行，水族网一度认为所谓鱼鳞并列之美是松叶鲤最精彩之处。

2. 金松叶

"金松叶"是"松叶黄金"的别称，是显示茶褐色系统的黄金种特征，是金色松叶之意，肌地色调浓厚者光辉很强。"金松叶"白肌地色调浓厚的到山吹色（金黄色）淡薄的有多种，经过改进，头歆秃头、光辉强的为主流，可是太倾向山吹色（金黄色）致松叶纹减弱了。

3. 银松叶

"银松叶"是银（空鲤）加松叶之意，银松叶之精彩处与金松叶完全相同。头部及背顶应以白金为基台发出光辉，胸鳍要如银扇一般发光而且覆轮和光泽要尽可能延至腹部，可被认为是高级品。

4. 德国黄金

德国黄金是以镜鲤为基本，所以背部及两腹部排列大鳞为精彩之处，但在池水中，其无鳞之处特别发光。另外，鱼鳞退化的革鲤德国黄犹如金属加工造型品，但无论如何闪闪发光，比之镜鲤在品位上略逊一筹。大鳞相叠的"铠鲤"，无论光辉多好，仍无鉴赏价值。一度水族网认为德国鲤是以鳞排之美为重点。

5. 德国山吹

"德国黄金""山吹黄金"之德国鲤称为"德国山吹"。山吹是棣棠花，表示金黄色。

6. 德国鼠黄金

鼠灰黄金之德国种称为德国鼠黄金，产出变种鲤时作为亲鲤使用。

7. 德国白金

白金黄金鲤之德国种称为德国白金。

8. 德国橘黄金

橙黄黄金鲤之大半均属德国种。

9. 罗汉·银罗汉

自德国黄金产出的墨黑德国黄金鲤称之为"罗汉"，其银色光泽者即称之为"银罗汉"。在昭和30年（公元1955年）出现，其背顶及胸鳍发出暗褐光泽，犹如木刻佛像古董。昭和33年（公元1958年），南荷顷的不泽久作氏以"金兜"（Kin Kabuto，金色头盔之意）雌性鲤与德国三色的雄性鲤交配产出者其体色特优，但终究不能大成，已经很少见到。

10. 德国黑鲤

德国黄金采苗时，会产出很多德国黑鲤。但大都是漆黑的劣质货，不值得称为光辉的罗汉，是作为筛选时淘汰舍弃的下级鲤。

第三章　高唐锦鲤的鉴赏与品质控制

一、高唐锦鲤的品鉴

锦鲤作为一种风靡全世界的高档大型观赏鱼，由于其粗壮威武的体型，健硕有力的泳姿，五彩斑斓的体色，享有"水中活宝石""会游泳的艺术品"的美称，也是当今世界观赏鱼中身价最高的一族。近些年更是受到越来越多人的青睐，养殖、欣赏、品评锦鲤的热潮正在全国范围内兴起。锦鲤不仅种类繁多，品种的高低层次也不少。学会鉴赏锦鲤鱼，才可去欣赏它，区分什么样的锦鲤是高级锦鲤，什么样的锦鲤是锦鲤中的极品，这确实是许多锦鲤迷特别是锦鲤养殖者所关注的问题，单是用一个"花鲤鱼"无法准确区分锦鲤高下。一条真正好的锦鲤有许多恒定的标准，真正掌握其鉴赏标准的不多，使大量品质低下的锦鲤充斥国内市场。

那么一条锦鲤需要具备哪些特性才能算得上是极品锦鲤呢？一条好的锦鲤需要具备以下条件。

1. 良好的体型

在鉴赏锦鲤中，备受重视的是体型。没有良好的体型，花纹再好也不会是一条优质锦鲤。而良好的体型听起来很简单，其实它的学问却非常的深奥，用一句话表达就是丰满顺畅。那么体型要如何去鉴别它呢？基本要求是左右均匀对称且平衡，体型无异常，无缺损（如眼球、鳍条）及缺点（如头部下陷、比例不当、腹部下垂

（雌鱼怀卵除外）。具体要求是垂直俯视时脊柱笔直，左右对称，垂直侧视时背部上下呈优美曲线，曲线弯度太大或呈船底状皆属不良。鉴赏体型的顺序是从头到尾，第一要具备优美的头，头型要左右对称，面颊要端正无歪斜，两端饱满不凹陷，眼、鼻、须、鳃盖要对称、无变形、无缺损，形状漂亮。最常见的不良头型有额部变形，头大呈方形，鳃盖缺损或向外反翘。第二看它眼睛的距离，两只眼睛之间的距离是否够宽，两眼相隔较宽距离的锦鲤通常都会长得比较大型，容易养成巨鲤。第三再看吻端一直到胸鳍的基部，也就是头部的长度够不够长。第四再看眼睛和嘴巴的距离会不会太短，如果这个部位太短就会形成三角形的头，这是很不理想的，也不好看。第五查看吻部，吻要厚实一点，吻薄的锦鲤鱼想要养成为大型鱼是很困难的。第六胡须也不能太小，不过锦鲤鱼往往会因为受惊吓时的冲撞或被寄生虫感染时的摩擦而使胡须受损，再生的胡须有些因此短小，所以这个部位只供参考。第七，要注意的是头部两边的脸颊是否平整丰满，是否畸形，头顶一定要丰厚饱满；头顶扁平的锦鲤鱼较不理想，在小鱼时患过严重孢子虫病的鳃盖往往凹凸不平，有的还会出现先天性凹卷。第八是具备优美的鳍，偶鳍要对称，各鳍要完整，无畸形、裂伤、骨折和缺损。胸鳍会因品系不同而有不一样的形状，原则上太小、太尖或三角形的胸鳍都不算好，胸鳍最重要，胸鳍的优良与否影响泳姿的优美，游动时鳍条要灵活。另外在游动中胸鳍往前划动的幅度太大，看起来很吃力的样子，表示这尾锦鲤的健康可能会有问题。身体从胸鳍到尾柄这一段体形一定要很顺畅，没有突然隆起或凹陷。如果肩部肌肉发达隆起，会更具力量的美感。第九尾柄要粗壮，从尾柄也可看出一尾鱼的体格发育是否良好。第十要有协调的体高、体长及丰满度，体高与体长的理想比为 1：（2.6～3），太肥及太瘦视为病态。由上向下看鱼体是否有适当的宽度和适当的侧高。若侧高最高点在背鳍的中间，这样看起来会有点像驼背，不合格。腹部不应有下坠现象，即使雌鱼怀卵时也不应该有明显下坠感觉，像荷包红鲤那样的肚型就非常不好，通常肚子下坠的锦鲤被鲤友戏称为"土炮"，档次降低。体型鉴赏的最后部分是尾鳍，尾鳍虽然很薄，还是要给人以深厚有力的感觉，不应太长（长鳍条的龙凤锦鲤除外），尾鳍的叉型凹处不要太深。雄鱼要有力量感，雌鱼要有柔和的曲线美。总之体型鉴赏就是能从头到尾都能呈现出流畅舒展的完美。良好的体型是优质锦鲤的基础。

2. 优良的色质

锦鲤作为观赏鱼，体色是观赏的一个非常重要的元素，而这些体表颜色的质量，就理所当然地成为鉴赏优质锦鲤的一个重要标准。如何去评定色质的好坏呢？上品标准色纯、浓厚且油润、鲜明、艳丽，斑纹清晰、边缘整齐、光彩夺目。如果色不纯，有杂色，就不是高品质的颜色；而色薄，颜色很浅，就很难体现出其艳丽色彩，这样的色质就很差，具有这种色质的锦鲤一定不是高质量的锦鲤；有些色斑虽然色纯而浓厚，但在色斑中显露出底色而形成俗称"开天窗"者，同样不能称为好的色质，这也不是高质量锦鲤应具有的色质。色质油润，则体现闪亮的光泽，色浓厚而显油润，则更显其色彩艳丽，如色泽黯无光泽，则显不出其艳丽色彩，所以同样不是高质量锦鲤应具有的色质。其次由于锦鲤血统的不同，品系的不一样，其色的深浅厚薄也有所不同。例如锦鲤色斑中的红斑要红质均匀浓厚，边际鲜明，红质浓厚而黯淡的品种为次品。白斑，这在许多锦鲤品种中都具有的颜色，称为白质，高品质的白斑是细腻雪白无杂色，即常说的"瓷白"，而低品质的白斑则带灰而色暗，或带黄，而使白斑色质低劣，这不是高级锦鲤应具备的色质。在鉴赏黑色色斑时，墨斑漆黑浓厚的圆块状、尖锐状为佳，不可分散或浓淡不均。要区分白底三色的黑斑和墨底三色的黑斑，因为两种黑斑来源不同不能混同鉴赏。白底三色与红白都是源自浅黄锦鲤，由于源自浅黄的墨斑呈藏青色，所以白底三色的墨色呈青墨，而墨底三色源自乌鲤，乌鲤的墨为灰色系，光泽较弱，色泽浓时则呈煤黑色。在鉴赏锦鲤的色质时，应根据其具体血统和品系来具体鉴定。

3.匀称的花纹

锦鲤是观赏性鱼类，其身体上的花纹分布的好坏会直接影响其观赏效果。而鉴赏锦鲤的花纹，是比较直接的，就算一个初入门者，要在一群锦鲤中挑选出花纹分布好的锦鲤比较容易，可以说是入门容易，但要真正掌握鉴赏方法，要下一定的功夫。那什么样的花纹分布才算是优秀的花纹呢？

鉴赏锦鲤的花纹，首先要看整体，整体的花纹分布要匀称，也就是说花纹分布不能集中在某一处或某一边，而其他部位没有或斑纹太少，这样的花纹不是好的花纹。除了整体的花纹分布匀称外，还要在观赏重点处有特色，这样才会显出它的个性特征，例如在头部须有大块斑纹，以圆形、鞋拔形或者略呈偏斜者较为典型。头部、肩部的花纹要有变化，特别在肩部的花纹一定要有断裂，就是最好有白底缺口，这就是俗称的"肩裂"，如果没有肩裂，在观赏重点上就缺少了变化，这样的花纹就显得平淡无味而缺少值得细品之处，因而也可以说不能算是好的花纹。除了头部和肩部以外，在尾柄上的花纹也很重要，一条花纹分布很好的锦鲤，如果在尾柄部没有一处很好的收尾色斑，就等于没有了结尾，也是不完美的。花纹除在背部分布外，还应向腹部延伸，这就是俗称的"卷腹"。具卷腹花纹的锦鲤，更充满力量感，使锦鲤更体现出其健硕有力的美感。斑纹鉴赏重点是在头部与背部以及尾柄处要左右平衡，吻及尾基部要有白色部分。

花纹鉴赏除了注重整体的分布外，还要考虑到各个品种的独特要求，根据其品种特征来鉴赏。例如红白锦鲤最好是绯不染鳍，卷腹不过侧线，头绯不过鼻、不盖眼、不盖鳃，头肩部须有白底缺口，尾部留白，避免视觉上有后半部分过于沉重的感觉，绯色分布平衡。对于白底三色锦鲤，除红斑的分布外，墨斑的分布也很重要，头部不可有黑斑，大块的墨斑应主要分布于身体的前半部分，颈部应有坚实的黑斑，点缀得清秀靓丽；尾基部不要有太多黑斑或者是全红的，要留有白色部分。如果墨斑出现在红斑之上，称为"上墨"，不是最好的墨斑位置；如果墨斑分布在白斑上，就是俗称的"穴墨"，这是非常好的墨斑；在色斑下隐约可见的浅蓝色斑纹称为"隐墨"，是将来会浮出来的墨，这些墨的位置将直接影响斑纹的最终分布，只是隐墨浮出来的时间差异会很大。对于墨底三色来说头部一定要有黑斑。而对于丹顶锦鲤来说，头部红斑越大越好，头顶部红斑的位置都应在头部的正中央，要求前不到吻部，后不超过头盖骨，两边不沾染眼边或背部，这才是上好的丹顶锦鲤，否则都算不上好的花纹，其整体品质将大大降低。锦鲤市场上存在的人工修理斑纹的所谓"美容术"，就是把色斑多余的部位用人工手段除去，或者将色斑不够的位置用植皮方法把色斑予以人为增加，以达到色斑分布均匀。对于这种方式不宜提倡，欣赏自然美比人工美更会使心情自然舒畅，再者说人工除去的色斑在一段时间后还可能会长出来，只是在进行锦鲤交易过程中的短期行为罢了。

4. 良好的泳姿

锦鲤是"会游泳的艺术品"，它的泳姿就必然成为鉴赏的条件之一。泳姿是否优美顺畅，是否健硕有力，则是鉴赏的一个重要标准。要求泳姿稳重端庄，身体健硕有力，游动时腰部无明显摆动，如果身体歪扭，不平衡，像蛇行游动，或经常是侧着身体在游动，这样的泳姿是不合格的，无观赏价值。胸鳍的优良与否影响泳姿的优美，游动时鳍条要灵活，胸鳍在划动时是否有力，停下来是否表现出软弱无力；尾柄摆动动作是否适中，动作太小，显得软弱无力，不能体现出锦鲤的健硕有力的一面。如动作太大，就显得有些夸张而不协调。如果是常静卧底下，那这尾锦鲤就有可能健康不太正常，极有可能已得病。

5. 优良的资质

资质指的是锦鲤的潜质，需要靠经验判断，依据其白质、红质、黑质及体型综合评判，例如头大而圆滑，红色或黑色不会消退，具有生长成巨鲤之相貌者资质佳，锦鲤长大后是否花纹好、姿态美、色调佳、品味高、风格佳都与良好的资质息息相关。

6. 上佳的品味

品味既是综合素质，涉及资质、体型和斑纹等，锦鲤斑纹既有美感的位置（布局合理），又有优雅的形状；胸鳍大而圆；身体健壮体型匀称潇洒，泳姿优雅（稳重轻盈）的可称得上品味高。体型过于肥胖或消瘦，头太大或不规则的锦鲤品味极低。

7. 风格上乘

风格指的是大型鲤的体格、体型，一般来说，体型匀称、肌肉丰满结实，体格粗壮修长的大型锦鲤具有稳重和雄伟的风格均属上乘，要求气质与色彩格调的搭配协调。若腹部异常膨大而下垂，或呈二段形状的均为变异体型。锦鲤鉴赏的重点就是气质与色彩格调的有机统一。

8. 完美的鳞片

初期鉴赏锦鲤时，一开始注重其模样，通常都是先注意其花纹是否匀称，颜色是否艳丽夺目，鱼体是否健康；随着对锦鲤的认识深入，掌握知识逐步增多，就会重视锦鲤的色质、体型、泳姿，除此之外就是排列井然有序的鳞片。复轮指鳞片外缘的一圈也就是一片片鳞片外露的、扇形部分的外缘。复轮整体形状称为"网"或"网目"，因为整片的复轮看上去就像撒开的渔网，一个个网目非常清晰。复轮表现的方式因品种的不同而不同，通常是扇形的外缘呈较白的淡色，而鳞片的中心部分颜色较浓；有的则相反，复轮外缘颜色较浓，中心部分颜色较淡。对鳞片的基本要求就是没有杂鳞和不规则鳞片，复轮呈网目模样，并且要非常整洁清爽。

9. 硕大的体型

欣赏锦鲤时，硕大体型的锦鲤往往会更吸引人们的注目，会更能体现出锦鲤的健硕有力的泳姿特色，就更能体现出它"会游泳的艺术品"的优势，和其他观赏鱼所不具备震撼力的美感，观赏起来就更加心旷神怡。

锦鲤鉴赏时的注意事项如下。

鉴赏锦鲤要有包容性，各项指标同时优良者非常罕见，十全十美者几乎不存在。需要具有包容性眼光，一分为二地看待锦鲤，在"得"与"失"之间作出取舍，当得到的比失去的多时，可以包容其瑕疵，反之则舍弃。

鉴赏标准也要与时俱进，既定的审美标准常建立在过去的审美经验基础上，是过去审美经验的概括和总结，而过去的审美经验是有限的，具有很大的机遇性和局限性，但具体被鉴赏对象却是无限的，具有广泛的变异性。审美标准也深受背景影响，例如宗教信仰、民族心理、文化品味。

鉴赏的标准要因鱼而变，不可将普通品种与稀有品种用统一标准评判。

鉴赏标准要因人、因目的而变，不同的人有不同的鉴赏标准。

二、如何让锦鲤保持漂亮色泽

1. 如何令"白地"鲜明

尽可能消除水中的亚硝酸盐；增强生物过滤效果，保持饲养水质纯净，可能的话，每天排出鱼缸或池之底水，加入经过暴氧的新鲜水；加强饲养水的溶氧，增加饲养环境的空气流通；保持饲养水的软度；彻底清除水中的铁质；适量增加喂食含钙质的饲料。

2. 如何让红斑鲜艳

池水 pH 值保持在 7～7.2，可以在过滤槽中或者水的回路中放置珊瑚砂或牡蛎壳；适量增加喂食含天然胡萝卜素的饲料。

3. 如何让黑斑更深厚

保持相对较低的水温和略低于 7.2 的 pH 值；减少锦鲤直接暴露在阳光下的机会；减少喂食含脂肪类饲料，此类饲料会令锦鲤排泄减少；在某一特定的时期可以通过增加适当硬度的水来提高饲养水的硬度，之后再用回原来的硬度，可以加强黑斑鲤的墨质。

三、家庭选购锦鲤的标准

锦鲤因其体态端庄和体色艳美人见人爱。我国有越来越多的家庭开展锦鲤的饲养。那么，购买锦鲤时怎样进行挑选呢？买什么样的锦鲤才更具观赏性呢？

挑选锦鲤时一般有下述几项要求。

一是选色泽鲜艳、特色明显的锦鲤，红要红得血红，黑要黑得深沉，花纹图块的边缘要清晰整齐，不要选那些色块边缘模糊不清、色彩黯淡无光的锦鲤。

二是家庭饲养的锦鲤主要是用于观赏，不必选鱼体过大的，选购体长 10～20 cm 的比较适宜。这是因为家庭饲养者置备的水族箱的长度一般只有 60～90 cm，小鱼可以多养几尾，更利于观赏。

三是锦鲤鱼体要求挺直、端庄、对称，背鳍、胸鳍、尾鳍无开裂分叉，体表毫无损伤。

四是锦鲤要健康，游动时轻松活跃、动作敏捷、平稳自然，各鳍伸展敞直而飘逸。采购时可试喂少许饵料，若进食迅速，则证明鱼体健康。

第四章　高唐锦鲤的管护

一、高唐锦鲤的四季管理

每年的 2—4 月，天气变化无常，乍冷乍热，时而艳阳当空，气候温和宜人，时而出现春雨绵绵的天气。这个时候，如果是利用水族箱饲养的锦鲤，刚刚把水族箱移到室外不久，就可能遇到温差变化很大的困境。因此，必须在气温突然下降的初期，就应立即采取措施，例如用布将水族箱遮盖起来（室外鱼池也应用大塑料布遮盖）。若连续几天天气持续阴冷，还应使用增温设备适当增温，以保证水温稳定。

夏季的 5—7 月，从 5 月起，天气渐渐热起来，水温也跟着逐渐升高，不论是室外水池还是室内水族箱，都要用遮阳网或其他物体遮挡日光，以保持水温适当。如果疏忽了，让鱼在强烈的阳光下直晒，导致水温上升，不仅会使水族箱或水池内的水质浑浊，妨碍观赏，而且阳光中的紫外线，会使锦鲤身体上艳丽的色彩褪去，大大降低鱼的观赏价值。用遮阳网遮盖后，射透网眼晒在鱼池上的柔和光照，十分适合于鱼体的生长发育。

到了 8—10 月的秋季，秋高气爽，这时天气以晴朗为主，秋风徐徐而来，原先较高的水温逐渐回降到最适合锦鲤生活的温度，此时鱼的新陈代谢加快，表现为精神奕奕，游动活跃，食量大增。食物的喂饲量应有适当增加，让鱼吃饱。由于这个季节是锦鲤食欲最旺盛、生长最快的时期，饵料应该多用些蛋白质含量高的动物性饵料，如果能喂蚕蛹，会使锦鲤长得身体健壮、体色美艳。

秋天一过就到冬天，11月至翌年1月这段时期，天气寒冷，经常冷至0℃以下，水温随着气温的下降而急剧下降，此时的锦鲤失去了往常的活跃，行动缓慢，食量也跟着减少。特别需要注意，当气温降至2～3℃时，应把可以移动的水族箱移入室内，室内水温最好保持在3℃以上，室外的鱼池，则应盖上塑料布等物，并尽可能在池的北面设置挡风物，以保持水温不致过低，若气温继续下降，水温降至接近0℃甚至0℃以下时，还需使用增温设备来提高水温，以确保锦鲤安全越冬。

在寒冬季节，当水温降至0℃时，锦鲤极少活动，食欲也大为减退，此时应尽量设法提高水温，使锦鲤保持一定的进食量，不致因体质过分衰弱而发生鱼病。在这段时间内还要减少换水和清除污物的次数，投饵量也不可减得太多，且要考虑投喂最容易消化的食物。

1. 锦鲤春季管理抓"五要"

春季管理是一个系统又关键的过程，概括地讲就是抓好"五要"。

一要熟悉掌握春季锦鲤的状态。冬去春来，万物复苏，季节的轮回使气温、水温日渐回升，锦鲤的活动状态也开始逐渐由弱到强，当水温达到10℃以上时，锦鲤开始活动摄食，进入正常的生长发育阶段。这个时候应该注意，锦鲤经过越冬，体质相对比较虚弱，各种因素对它的影响显得敏感，应激反应等方面要密切关注。

二要全面了解春季锦鲤池水环境。锦鲤池越冬后，水体的下层必然会积聚较多的亚硝酸盐、氨氮等有毒、有害物质，水质不很理想。同时，春季气温明显回升，降水量也明显增多，经常出现多云及雨天，光照不足，气压较低，冷暖空气比较活跃，温度起伏变化较大，常有寒潮和强冷空气影响。

三要超前做好锦鲤的投饵管理。春季锦鲤的投饵的一个关键就是"早开食"。投喂次数根据季节递进，由少渐多，每次投喂频率为"慢—快—慢""少—多—少"，并坚持"定时、定位、定质、定量、定人员"。当水温达到8～10℃时，鱼开始少量摄食，此时应及时进行投饵，尽快补充越冬后锦鲤的营养，加速其生长，增强其体质。具体投饵量要依据天气及水温还有锦鲤的摄食活动情况而定。所投饵料要选用正规厂家的品牌产品，必须符合营养、卫生质量等相关标准。具体情况可以参考：池水表层温度达8～10℃时，每5 d投饵1次；池水表层温度达到10℃以上时，每1～2 d投饵1次。日投饵量掌握在总体重的1%～2%。半个月以后，每天11时、14时各投喂1次，日投饵量掌握在总体重的2.5%～3%。

四要加强水质管控工作。保持锦鲤池水的良好环境，是促进越冬后的锦鲤提早开食、恢复体质、延长生长期、提高增强抗病能力和成活率的关键。注意加注新水。开春后，池塘水温达到10℃以上时，每7～10 d注入新水1次，每次10～15 cm，既能补充鱼塘水量，淡化毒物，增加溶解氧，又能提高水温，促进池养锦鲤早活动、早摄食、早生长。随着水温升高锦鲤吃食增多，可逐渐加深水位。对水质严重老化，应该换掉一半以上的老水，再等量注入新水。施用有益菌等微生态制剂、曝气、增氧。

五要树立"无病早防"意识，扎实做好鱼病预防。多年的经验证明，鱼一旦得病，治愈的可能几乎为零，但发现了患病的鱼后，抓紧用药，控制了病菌的扩展传染，预防了尚未染病的健康的鱼，即便如此，池鱼也要伤亡很多，且水体环境受到严重破坏，面临二次污染的危害，所以，必须树立"无病早防"意识，从预防入手，防患于未然。定期进行全池消毒、食台局部消毒。食台每15 d进行 1 次用药预防。用药量为全池用药量折合局部面积用量的 10 倍。合理的中草药内服。

2. 高温季节锦鲤养殖关键技术

夏季气温高，水质变化快，是锦鲤容易得病的季节，水质调控至关重要。

（1）科学控制水质，保持池水透明度。夏季水温高，水质变化快，加之投喂施肥量较大，鱼类摄食旺盛，排泄强，极易污染水质。鱼塘氨氮含量增加，水中溶解氧减少速度加快，水的肥度也迅速增加。因此，应适当提高水的透明度（控制在 30～40 cm），保证水质不过肥，防止池塘缺氧浮头。可通过补水使鱼塘水保持一定数量的浮游生物，以提高浮游植物的产氧值，减少"水呼吸"耗氧。

（2）注重池塘的补水和排水，补水对水体的"肥、活、嫩、爽"起着重要的作用。具体是每两天补水 1 次，补水量要视鱼塘的水质指标而定，若氨氮含量较高、水太肥（透明度低于 25 cm）时要多补。补水应在清晨 3—4 时进行，因为此时鱼塘水中的含氧量最低，鱼塘耗氧量达到极点，此时补水效果最好。

排水的目的是使鱼类的排泄物、饲料残渣以及氨氮含量高的下层水排出，以减少夜间水中的耗氧量，从而防止水质恶化，相对增加溶解氧含量。排水的最佳时间应选择在夜间至清晨。此时水中的溶氧量低，且水中分层现象明显，水底层因有机腐殖质、排泄物、底泥等耗氧，已经处于无氧状态，此时排出底层水对养殖水体最为有利。有条件的池塘每周可排水 3 次，每次排水量应为鱼塘总水量的 1/20，且每半月可以大排一次（约占鱼塘总水量的 1/5），并在排水的同时对投饲场所进行冲洗。

（3）生石灰的应用。生石灰除了普遍应用于鱼塘清塘消毒外，在高温季节对改良和调节水质有着十分重要的作用。一般 1～2 mg/L

浓度最好，每半月施用1次，亩用量为20 kg。施用生石灰既能消毒水体，杀灭病毒、细菌等病原体，又可调节水质，提供鱼类适宜的硬度、碱度及缓冲能力，对淤泥较多的鱼塘，还可促进有机质的矿化，并能置换出浮游生物繁殖所需要的营养元素。

（4）科学使用增氧机。增氧机使用准则是晴天中午开机，阴天清晨开机，连绵阴雨天要半夜开机。傍晚不开机，鱼类浮头早开机。对肥水池塘，在晴天中午开机1 h，便能将上层高溶氧水体转到下层，从而促进底层水"氧债"提前偿还，这在一定程度上减轻或消除了鱼类缺氧浮头的威胁，杜绝鱼类泛塘事件的发生。开动增氧机的时间长短也大有讲究，闷热天气开机时间要长，凉爽天气要短；半夜开机时间要长，中午要短；施肥后开机时间要长，不施肥时要短；风小时开机时间要长，风大时要短。注意晴天时不能在傍晚开机，因为在傍晚时，浮游植物的光合作用几乎停止，此时水体溶氧分层明显，底层水体"氧债"负荷大，如果此时开机，则使水体上下层对流，整个水体溶解氧迅速下降，更加容易引起池塘半夜缺氧，造成泛塘。

3.北方地区锦鲤安全越冬关键技术

水温在1~38℃时，锦鲤都能生存。就算是在表层结冰的越冬期间，也可以在水温为3~4℃的池塘下层水体中安全越冬。水在4℃时密度最大，这是水的基本物理特性。因此，当冬季气温和水温缓慢下降，向4℃靠拢时，表层水的密度增大，在重力的作用下沉到池塘的底部。当气温和表层的水温低于4℃继续下降时，表层水的密度降低，一直在水体的表层，直至结冰。这样，在水温的持续下降中，就保证了水温在4℃时的水沉降在池塘底部。水的这一特性，为锦鲤的安全越冬创造了极为有利的条件。

在表层水温低于4℃时，锦鲤由于求生的本能，会到水温在

3～4℃的水体下层活动。由于越冬期间水体分层的形成以及水体透光率的原因，锦鲤越冬期间栖息的水体下层光照强度低，光合作用产氧能力低，加上池塘底质有机物分解对于溶氧的消耗，下层水易出现缺氧。

（1）越冬池塘的条件。水深越冬池不结冰的水体水深应在 2 m以上，以利于越冬期间水体分层的形成。越冬期间，应注意越冬池内水深的变化，及时补水。池塘底部淤泥的厚度以 10～15 cm 为宜，底质严重恶化，淤泥深度大于 20 cm 的池塘不适宜作为越冬池塘使用。因淤泥中的有机质对溶氧的消耗，越冬后期容易出现水体缺氧。水源越冬池最好邻近养殖场水源或利用周围的池塘储水，以备必要时为越冬池补水。水源的水质要符合养殖用水标准，如果使用井水等地下水，要设法先增氧曝气，以提高其氧含量。

（2）原池越冬前的底质处理。锦鲤生存的基本条件包括适宜的水温、水质和溶氧水平。由于越冬阶段，锦鲤的投喂量极少，产生的代谢产物及残饵对水质的影响也有限，对水体底层水质的影响主要来自池塘的底质。经过一年的养殖，池塘底部积聚大量的残饵和粪便在越冬期分解大量消耗水体底层的溶氧，一旦水体底层的溶氧不能满足锦鲤基本生存的需要，锦鲤出于求生的本能，就会游到上层溶氧相对充足但水温相对较低的区域，造成鱼体冻伤。同时，底泥有机物厌氧分解产生的硫化氢、亚硝酸等有毒的中间产物会首先进入与底泥相接触的底层水体，造成锦鲤的体质及免疫力下降。因此，利用原塘并池越冬应在越冬前做好底质的处理，在水温低的季节，可以使用过氧化钙等颗粒增氧片和过硫酸氢钾等氧化型底质改良剂进行改底。

（3）越冬前鱼体处理。越冬期间，由于养殖水环境的变化，进入越冬的鱼如果体质较差或者本身的病害问题未能及时处理，其抗应激能力差，越冬过程中就容易出现比较高的死亡率。因此，在越冬前必须仔细观察鱼体，最好打样解剖检查，以便及时发现病害问题。对于肝胆有不同程度的病变、体质较差的鱼，需要及时投喂一个疗程的肝胆利康散或者板黄散＋免疫多糖或者水产专用多维制成的药饵进行保健，增强鱼的体质及抗应激能力。

（4）越冬过程中的溶氧管理。越冬池封冰后，冰层的覆盖阻碍了水体和空气的气体交换，水中的氧气主要来源是靠浮游植物的光合作用。因此，保持水中一定数量的浮游植物可以不断补充水中的氧气，满足越冬锦鲤的需要。越冬池注水时，应保证水中有一定数量的浮游植物，注入部分含浮游植物多的肥水，作为引种之用。如果越冬池水质清瘦，可以施用少量肥水产品提高水的肥度，施肥时间不宜过早，最好在临封冰前进行，以免藻类过早繁殖。透明度应保持在30～50 cm，浮游植物过多和过少都不好，浮游藻类过少，则水体的光合作用强度和产氧能力不足，导致越冬期冰下水体缺氧；藻类过多，则夜间呼吸作用耗氧过大，导致水体夜间溶氧过低，均不利于越冬。

此外，越冬期间，为增加冰的透光率和冰下水体光合作用的产氧量，下雪过后需要及时清扫。如果越冬期间水体的浮游藻类少，光合作用产氧不足，还可以使用相关的冰下增氧设备，但是需要注意增氧的水层，不能对锦鲤栖息的下层水体直接进行增氧，以免曝气增氧过程中带入的冷空气造成下层水体水温的下降。

越冬期间还可以采取开冰眼进行补水增氧等操作，提高水体的溶解氧。对于水体不结冰，越冬期间表层水温在0～4℃的越冬池，冬季还可以使用增氧机械和定期使用化学增氧剂进行增氧，但不宜使用涌浪机等促进水体上下层强对流的机械，以免打破水体分层，造成底层水温的下降。

减少养殖水体溶氧的消耗可用两种方式：一是减少浮游动物的耗氧。剑水蚤和轮虫较多时，为减少耗氧可用 0.5 mg/L 含量为

80%的晶体敌百虫进行杀灭，或者使用吸虫宝进行处理。二是越冬前及时对养殖水体进行处理，特别是那些有机质多、水质过浓的"老水"，越冬前通过使用EM菌等微生物制剂分解水体中的有机质或者适当换水，减少水体中有机质积累，来降低越冬期水体中有机质分解耗氧。

（5）越冬前后的投喂管理。由于越冬期间，锦鲤基本不再摄食，维持机体生命活动完全依赖于机体自身存储的营养物质，过早停料会导致体重下降过快，体质变差，造成越冬过程中的抗应激能力下降，体质变差。为保证越冬期间锦鲤生理活动正常的营养需求，越冬前应投喂营养均衡的优质全价配合饲料，饲料的投喂应一直延续到水温在5~6℃及其以下，锦鲤基本停止摄食为止。

当水温低于15℃时，锦鲤的摄食量急剧下降，建议每天中午投喂1次即可。越冬前，很多养殖户都有"保膘"的心理，为了减少越冬期鱼的掉膘，投喂量比较大。但是需要注意的是，越冬前期也不宜过量投喂，否则会导致锦鲤的摄食量超过维持机体正常生理活动的需求，导致锦鲤出现营养代谢相关的疾病，抗应激能力下降，越冬期死亡率偏高。

越冬化冰之后，冰上的积雪融化的雪水以及积雪中的有害物质进入养殖水体中，需要进行解毒后再进行投喂。经过漫长的越冬期，锦鲤机体的营养物质不断被消耗，体质下降，此时投喂量应该逐渐加大，不能突然加大，避免锦鲤消化系统短期不适应而造成的消化不良。

二、高唐锦鲤的家庭饲养

锦鲤是金鱼的姊妹鱼，同属鲤科，都是比较容易饲养的鱼类。习惯于饲养金鱼的人，再来饲养锦鲤，就没有多少困难了。两者比较起来，主要的不同之处是：锦鲤的个体要大得多，饲养这种鱼需要有较大的容器，除非只养很小的锦鲤，若要养较大的锦鲤，就需要有面积 3～4 m² 的水池或较大的水族箱。有些居住楼房的养鱼爱好者，利用阳台隔建成养锦鲤的水池，倒是个值得效仿的办法。

家庭选用水族箱饲养锦鲤是比较合适的方法。用水族箱饲养锦鲤，虽然比不上用水池饲养锦鲤那样宽敞，但喂一些体长 10～40 cm 的中小型鱼来观赏，具有很多有利因素：一是室内饲养锦鲤自然环境的影响很小，避免了锦鲤受到风吹雨打和烈日暴晒；二是水质、光照等比较容易控制，以便充分地观赏和享受瑰丽鱼色和翩翩鱼姿；三是对患病的锦鲤可以及早发现，及时给予治疗，保证鱼的健康与安全生长；四是可以不受冬季低温季节的严寒袭击；五是可以避免自然界中天敌的危害。

水族箱的大小，一要根据室内空间布局实际，二要看饲养者喜欢养多大的锦鲤，如果只养较小的锦鲤，则水族箱不必太大，但由于锦鲤体形一般较大，水族箱也就要有 1 m 的长度，尺寸一般是 100 cm×60 cm×50 cm。由于锦鲤生长迅速，即使是养小型的锦鲤，也会很快就长成中型鱼，而中型鱼一般都有 30 cm 左右的长度，所以置备水族箱时，还是置备大些的好。由于大型锦鲤的体长一般都有 50～80 cm，若要饲养大型锦鲤，则水族箱至少需要有 1 m³ 的容积，水族箱的尺寸一般为 200 cm×70 cm×60 cm。有条件的话，还可以更大一些。

由于锦鲤是一种大型鱼类，个体可长达数十厘米，其耗氧量很大。生活在容积狭小水族箱内的锦鲤，必须装备增氧泵为其增氧，以改善生活环境。如果没有增氧泵，水族箱内水的溶氧量会逐渐减少，而二氧化碳等有害气体又不能及时排出，水质很快就会恶化、败坏。这样，锦鲤由于水中缺氧而不得不浮出水面以求吸入较多的氧，这种现象俗称"浮头"。再严重一些，就会造成鱼的死亡。

三、高唐锦鲤的池养

锦鲤不仅可在水族箱中饲养，更适合池养。池的大小要因地制宜，还要根据鱼体大小、多少而定，面积一般最小也要在 1 m^2 以上，水深要达到 30 cm 左右。另外还要注意换水、排水方便。

池养锦鲤特别要做好四季的饲养管理工作。春天天气变化无常，忽暖忽寒，锦鲤刚从室内移往室外，气温降低时要为鱼池遮盖塑料薄膜保温。夏季，光照强，气温高，要给鱼池盖塑料薄膜遮光隔热。秋季，气温适宜，是锦鲤的良好生长季节，应对锦鲤精心投喂，加强饲养管理，饵料可多增加一些动物性蛋白质成分，或喂一些蚕蛹，让鱼儿长得壮壮的准备越冬。在冬季到来之前，气温接近 0℃时，就要将锦鲤移入室内越冬。

冬季气温低，锦鲤食量开始减少，甚至不进食，游动缓慢，饲养管理的重点是保温，水温应保持在 3～10℃范围内。此时，换水、清污、投喂均要减少次数。

投喂饵料很重要的是要掌握好投放数量。因为，投放量少了，鱼会处于饥饿状态，影响鱼的生长发育，使鱼的体质瘦弱，降低鱼的抗病力，而且会使鱼体的颜色变得黯淡而失去光泽，降低观赏价值。若喂得过量了，鱼吃不完，不仅会造成饵料浪费，而且残剩的饵料还会腐烂，使水质不清，影响观赏，且会威胁到鱼的生存。

水族箱内水体环境是否舒适、水温等条件是否适应鱼的需要，是决定鱼的食量大小的重要因素。因此，春秋两季水温适宜时，投饵可以充足些，冬季水温低于 7℃和夏季水温高于 30℃时，投饵就应酌情减少。一般观察投饵量是否适当的方法是：观察投饵后鱼儿能否在 10～20 min 内将饵料吃完，若正好能在这段时间内吃完，说明投饵量是适当的。

投饵的次数，每天应以两次为好，即 8—10 时喂 1 次，15—16 时再喂 1 次，下午这次应比上午那次投饵量稍少些。

根据鱼体的大小可投放不同的饵料，例如小鱼可喂"洄水"、小型鱼虫，中、大型鱼可喂鱼虫、小蚯蚓或螺、虾、蟹、小鱼的碎肉，以及人工颗粒饵料。

四、高唐锦鲤的繁育

锦鲤是由野生食用鲤通过人工选择、杂交、培育而成的名贵大型观赏鱼，主要有红白、白底三色、墨底三色等品系，隶属鲤形目鲤科鲤属，为鲤的变种，原产于我国，16 世纪传入日本，经日本人数百年选育，成为名贵大型观赏鱼类。随着休闲观光旅游业的发展，锦鲤观赏价值和经济价值不断提升，已是休闲观赏渔业的当家品种，越来越博得广大养鱼爱好者和观赏者的喜爱。

在我国锦鲤市场行情很好，供不应求，其成品平均售价为 400～600 元 / 尾（A 级价格更高），而鲤鱼的平均售价 10～14 元 /kg，两者相比，锦鲤养殖除鱼种略高外，其他投入成本基本相同，但产出效益却很高，有非常大的利润优势。高唐县水产养殖户杨富贵正是看好这一商机，2003 年在高唐县渔业主管部门积极帮扶和全力的技术支持下，引进日本皇家锦鲤亲鱼 18 条落户姜店镇八刘村，在大棚温室中成功繁殖，并顺利完成了鱼苗、仔鱼培育和养成，养殖品种已有白底三色、墨底三色、红白等 10 余个，高唐锦鲤销往济南、天津、聊城等大中城市，当年纯收入 8 万余元。经过多年的调查总结出以下经验。

1. 高唐锦鲤繁育流程

（1）亲鱼选择。选择的品种应特征明显，体格强健，体色鲜艳，色斑呈云朵状，色纯无杂点，遗传性状稳定，性腺发育成熟，作为后备亲鱼。亲鱼要 3 龄以上，雌鱼体重 2.5 kg 以上，雄鱼体重 2 kg 以上，雌雄比例 1 :（1～2）。

（2）亲鱼的强化培育。亲鱼要分养，一般用水深 1.2 m、面积 100 m² 的水泥池暂养，每池可放养鱼苗 4～8 尾，微流水养殖，水温 18～22℃。投喂鲤浮性饵料，必要时搭配饵料，每天投喂量以亲鱼重的 2% 计算，每天投喂 2 次。

（3）产卵受精。一般在凌晨 4 时，鱼开始在鱼巢之间激烈追逐，经半个多小时完成产卵受精过程，鱼卵黏附在鱼巢网箱上。天亮时可将亲鱼移回亲鱼池作恢复性养殖，个别亲鱼经驯养后进行第 2 次产卵。3～4 龄锦鲤一次产卵为 10 万～30 万粒，受精率一般为 80%～90%。

（4）孵化。检查产卵情况，若受精卵多，可将鱼巢移入其他池，每池控制在 5 万～10 万粒，然后全池泼洒 1 mg/L 亚甲基蓝，防治水霉。受精卵在 22～24℃的水温条件下 72～96 h 孵出鱼苗，孵出时间与水温相关。

（5）暂养。刚孵出的鱼苗游泳能力很差，常附于网箱边、鱼巢中。2～3 d 后卵黄囊消失得剩一点时，消化系统初步形成，幼苗进入平游阶段，此时可开口摄食，应投喂单胞藻以及 150 目筛过滤的鸡蛋黄、食母生、豆浆等。网箱中喂养 3～5 d 后，卵黄囊完全消失，鱼苗具有较强的游泳和捕食能力时，即可发塘。

（6）苗种的培育与日常管理。苗种池可选旧鳝池或旧鳖池，面积 400～800 m²，水深 1.2 m 左右，注排水方便，留适量淤泥，每池配增氧机 1～2 台。下苗前 10 d，用生石灰 50 kg/ 亩消毒，然后施入发酵、消毒后的猪粪 400～500 kg/ 亩（使用化肥也可以），再注入水 50 cm，接入藻种，这样水很快就会呈中绿色，并有大量的轮虫、枝角类等，能满足鱼苗的需要。每亩可放养水花 15 万尾，每 10 万尾鱼苗每天投喂 2 kg 黄豆磨成的豆浆，分 2 次投喂。随着鱼苗长大，水位提高，豆浆可逐渐增加。每天还可搭配投喂 1 次饵料，每次 100～400 g。这样经 20 d 左右饲养鱼苗可长成 3 cm 左右的夏花鱼苗，此时可进行首次筛选发售或分级饲养。

（7）鱼苗的筛选。白底三色、红白锦鲤长到 60 日龄，体长 8～10 cm 时，体色明显，基本定型，此时可进行等级筛选。锦鲤筛选前要进行 2～3 次的拉网锻炼，然后再筛选。筛选的标准：保留品种特征明显，体质健壮，体型修长，色泽鲜艳、色块呈云朵状，鱼鳞完美无杂斑为佳。淘汰畸形、色泽黯淡、杂色的个体。

2. 延长锦鲤繁殖季的技术要点

（1）传统繁殖季节。传统的第一次生产一般集中在 4 月下旬开始，此时水温在 20～23℃，较为理想。生产中常在 4 月中旬开始进行，此时水温一般在 10～13℃，水温偏低。重点解决了两个问题：一是解决了浮游植物和动物（轮虫）繁殖较慢（轮虫为水花的主要食物）问题。决定和影响幼鱼成活率最关键的因素是下塘时水体中天然活饵的品种及密度，活饵的品种得当，密度大、峰值长，是培养和控制的主要目的。首先，直接在育苗池中使用灵芝皂苷及小球藻菌，丰富水体氨基酸、多肽等含量，促使藻类高峰生长，3～4 d 轮虫出现高峰，继而逐天补充活菌，控制并稳定轮虫峰值可达 22 d。这一有效措施既解决了幼苗开口所需的适口饵料，提高了幼苗成活率，增强了苗种体质，又有利改进提升锦鲤的色泽。二是解决了受精卵孵化率的问题，创新采取"无水挂卵孵化技术"使孵化成活率比传统方法提高了 15%～20%。亲鱼在人工授精区完成受精后，将受精卵置入恒温沸腾池内后放入挂卵架使鱼卵均匀地附着在挂卵架上，附着完鱼卵的挂卵架放置在无水挂卵仓设备里，开启仓体内湿度及温度控制设备，4～5 d 鱼卵在空气中孵化，出苗后进入仔鱼槽并在槽内完成收集程序。

从受精卵到幼苗出膜，整个繁育阶段需要近 100℃ 积温。第一次生产，开春积温偏低，受精卵出膜时间就要延长，锦鲤幼苗体质较弱。因此，应提前准备好单独的产卵温室，将温度调节至最佳，有效控制受精卵出膜时间（正常 3～4 d 完成），效果非常理想。第二次生产。基本集中在 5 月，是传统生产最理想的阶段。

（2）延长生产季节的实践探索。第三次生产在 6 月，此时，传统生产已经结束。因水温偏高（受精卵出壳过早）、雌鱼卵发育过于成熟，甚至出现部分退化老化，雄鱼精液活力下降，极大影响产卵量和受精率。据此，利用空气能冷水机进行降温，对雌、雄亲鱼所处环境同样控温，保持水温在 23～25℃，有效控制其发情、排卵、受精，控制受精卵在 3～4 d 正常出膜。第三次生产有个新问题，就是锦鲤水花培育的特殊性。水花在生长 1 个月左右需要进行第一次选别，之后进行合池（水花出品率不可控，并且第一次淘汰率高达 95% 以上），腾空的设施可用于本次生产以提高单位面积的产量和经济效益。经过前两次育苗生产，此阶段池底较肥，水温一般在 25℃ 左右，非常适宜浮游生物繁殖。因此，水花下塘前 3 d 再进行施肥培水。

注意事项：严防蜻蜓幼虫等幼苗天敌。

第四次繁育在 7 月，7 月繁殖时水温过高（一般在 30℃ 左右）、母鱼卵发育老化、公鱼精液活力下降以及温室产房水温太高。因此，应做好室外土塘幼苗管理，7 月放苗时当水温在 30℃ 或以上时易出现幼苗灼伤、化掉或直接气泡病死亡，难以成活。同时，因第四次繁育是在第三次繁育合池后利用腾出来的池子来再次繁育，底质过肥，建议清水下塘，并且在下塘前一天直加新水 20 cm，应在下午或傍晚加，因天气温度过高并且地下新水水温已经 18～20℃，防止新水温度过高影响成活率。需根据池塘面积计算加水时间以及当天天气状况，此时节水花下塘建议在 16—18 时，因此时水温相对偏低、含氧充足，下塘后开始持续加注新水，计算一周内的流量即可，即一周后水深控制在 80～100 cm，因一周后水花即长到 1～1.5 cm，已有了一定的抗体和活力。

注意事项：重点防天敌和及时加喂开口料。

第五次繁育，第五次繁育在 8 月，此时，水温在 26～28 ℃，相对 7 月水温有所回落；母鱼卵老化；公鱼精液活力下降；温室产房水温高。同样采用第四次繁育生产的要点，但是在细节处需注意的是天气的变化，近年北方 7—8 月温度偏高，并且持续高温的时间过长，一般是在 7 月中旬至 8 月中旬，所以尽量去规避高温的这 30 d 时间，在 7 月上旬或中旬前进行第四次繁育，8 月下旬进行第五次繁育，若在 7—8 月有持续的阴雨天，产鱼更为理想，应适时的关注天气变化也相当重要。

第六次繁育是在 9 月上旬，9 月天气、水温基本与 5 月时相似，水温适中，但种母鱼的怀卵量有所下降，并且水温会随着季节变化逐渐降低，生长周期相对较短，生长速度也有所下降。8—9 月繁育的水花当年只能生长到 3～10 cm，一般会选择土塘过冬，为翌年 3—7 月的市场空缺做好准备，因为 3—5 月南方已在水花繁育商品鱼市场正好空白。

总结：一般 4—5 月当岁小鱼会生长到 25～35 cm，6—7 月当岁小鱼会生长到 20 cm 左右，8—9 月当岁小鱼会生长到 3～10 cm。

通过延长 6—9 月的繁育，有以下几点好处：提高了产量，土塘在经过 1～2 次选别合池后会继续被用做第 3～4 次培育，经第 3～4 次选别合池后，会做第 5～6 次培育，单位面积被充分利用并且人力资源得到有效培训学习（传统繁育每年就 1～2 次，所以学习的机会也得到重复延伸）。提高了当岁鱼的品质，锦鲤是一种有着严格挑选过程的观赏鱼，所以繁殖次数的增加提高了繁育水花的数量，在更高基数上挑选的商品鱼和精品鱼品质会更高。填补了市场的空白，北方环境四季分明，充分利用可以繁育的月份，增加产量和质量。北方锦鲤的繁育是有季节限制的，每年3—7月为市场缺货状态，因为这个时候南方在1—2月所生产的当岁小鱼也无法上市，所以在北方8—9月产的小鱼在3—7月均可上市，并且价格相对较高，进而为企业创造更多的附加值。

五、高唐锦鲤的日常管护

1.饲养设备

饲养锦鲤的传统容器有黄缸、泥缸、陶缸、瓷缸、木盆等。水泥池采用砖或混凝土建成，四壁、池底用黄沙水泥抹平，大小随意，目前常见的水池面积有 $10 m^2$、$16 m^2$、$25 m^2$ 等，是锦鲤养殖场的主要容器。

水族箱采用玻璃为材料，用工程硅胶粘连而成，是目前家庭饲养时常见的饲养容器。水族箱中养鱼还需要配备的设备有充氧泵、箱内循环过滤器、加热管捞鱼网等。家庭饲养容器还有一种小型的椭圆形玻璃鱼缸，小巧玲珑，可摆放在茶几或书桌上，移动方便，内放几束水草或数粒雨花石，观赏效果也好。

2.投饵

锦鲤是变温动物，它的一切活动与水温的变化息息相关。黎明时，常见沿池边缘觅食，这时投放鱼饵，它们立刻蜂拥而至，抢夺鱼饵。水温在15℃以上时，锦鲤觅食活动较积极；水温超过30℃时，锦鲤会停止觅食；水温低于10℃时，锦鲤的觅食活动明显减少；水温在18~25℃时，锦鲤的食欲最旺盛，鱼体生长发育也最迅速。

春秋季节，水温多在15~25℃，是一年之中锦鲤食欲最旺盛的季节。这时的投饵量较大，要尽量让鱼吃饱，若一次投饵后，锦鲤仍有寻饵活动，可作第二次补饵。盛夏季节，水温多在25～30℃，有时水温也会超过30℃，这时锦鲤的食欲减弱，投饵数量要减少，保持锦鲤7～8成饱即可。投饵时间要提前到早晨7—8时，争取在水温上升前，锦鲤将饵料吃完。冬季，水温多在7℃以下，锦鲤的觅食活动较少，投饵数量也较少，投饵时间多选择在中午光照较强时。遇到水温1～2℃时，也可停止投饵。

家庭观赏鱼的饲养，每天可投喂1次，投饵量达7～8成。生产性观赏鱼的饲养，春秋季节，水温适宜，要保持足够的投饵量。刚换新水，在开始的一两天投饵量略少些，当水色转绿时，要定量投喂，让鱼吃饱吃足。繁殖季节的锦鲤，投饵量较正常减少1/3～1/2。体弱有病的鱼，投饵量较正常减少2/3。凡需长途运输的鱼类，要换入新水中，停饵1～3 d。

3. 水质调节

观赏鱼的换水只有两种方法，即部分换水和全部换水。部分换水即兑水，在露天鱼池，将老水放掉1/3～1/2的量，然后将新水直接加入，可以起到刺激鱼类食欲、部分改善水质的效果，这是观赏鱼水质保养的一种方法。全部换水时，可将老水放掉2/3后，再用网具将鱼捉出，换入同温度的新水中。温差控制在1～2℃。

换水原则。观赏鱼的水质稳定时间与水温密切相关。春秋季节，水温适宜，水色鲜绿，水中藻类生长适中，水质保鲜期较长，这时多采用兑水的方法，一般2～3 d兑水1次，全部换水时间约15 d。盛夏季节，水温较高，藻类生长旺盛，一般3 d左右水色变绿，盛夏季节的绿水，容易引起鱼烫尾，所以锦鲤饲水多采用全部换水的方法，换水时间3～5 d。保持水质良好，保证鱼儿安全生长。

4. 高唐锦鲤幼鱼的挑选

提到怎样挑选锦鲤的问题，应该先了解为什么要挑选锦鲤的幼鱼。不论哪个品种的锦鲤，在经过一次繁殖后，孵化出来的仔鱼是大量的，其中大部分是劣等和中等品质的，只有极少数是优质的，也就是平时所见到的那种体态端庄、色彩鲜艳、引人喜爱的锦鲤。在每次繁殖孵化大量（数以万计的）仔鱼后（饲养 20～25 d），都要淘汰体型不够好、体色和花纹不够美的绝大多数幼鱼，只把其中体态端庄、色彩鲜艳、花纹美丽的极少数优良品种的幼鱼作为种鱼，让其长大后再进行繁殖，繁殖后再进行挑选。只有经过这样无数次繁殖、挑选、再繁殖再挑选的过程后，才能获得优质的锦鲤。反过来说，如果不经过这样的过程，那么用不了多少代，就再也没有品质优良、富有观赏价值的锦鲤了，人们也就不再有兴趣去饲养锦鲤。

挑选时间应在仔鱼饲养 1 个月，待仔鱼长到 3 cm 左右时，挑选工作就开始了，这是第一次挑选；以后每隔 10～20 d 挑选一次，一边挑选优质的，一边淘汰质量差的。

待到鱼体长大到各种特征、花纹、色彩都已经显现，可以分清哪些是白底三色，哪些属于墨底三色等各种品系后，再进行分类，同时把那些斑纹模糊不清、体态不端正、色彩不鲜艳等有缺陷的幼鱼剔除出去。经过这样多次的选优之后，最后只剩下精品锦鲤，等到需要选出种鱼进行繁殖时，再作最后的挑选。

5. 锦鲤体型控制技术

锦鲤的体型控制即肥胖控制。体态肥胖的锦鲤不仅影响其优美的姿态，而且还会引发多种病。尤其是在繁殖期，肥胖的雌鱼很难产卵，往往会被胀死。据有关资料介绍，肥胖的雌鱼易引发卵巢肿瘤，一旦得病鱼体后半部异常肿胀，身体会逐渐消瘦，直至死亡。经解剖可以看到卵集黑硬、腹内积水。

为了防止锦鲤的肥胖症，避免以上问题的发生，平时应加强管理，要少食多餐，保证每餐只喂八成饱，绝不投喂过量，而且饵料多以植物性饵料为主，严格控制高脂肪和高糖分饵料的投喂，蛋白质饵料也要适量控制。平时多注意观察锦鲤的体型，一旦发现有肥胖的倾向应立即控制饵料投喂量和调整饵料成分。

六、高唐锦鲤的环境控制

1. 水环境要求

养殖锦鲤日常管理非常重要，锦鲤鱼生活在水中，在日常管理环节中，水的管理排在第一位，水质好坏直接影响锦鲤的正常生长。水质清新，氧气充足鱼生活得就健康活泼；水质差，鱼就容易得病。

（1）充足的溶氧。锦鲤是大型观赏鱼，食量比其他观赏鱼多，排泄物也多，对水的污染也大。水中氧气充足，鱼就生活得健康活泼，通常饲养锦鲤的水体尽可能大些，对水中打气要充足，通常使用气泵进行曝氧，用水族箱饲养观赏，一般用 10 W 的小型气泵，用两个气头就足够；用水池养殖的话，水池的水较深，底层水的压力大，普通的小型气泵不能将气打到底部，充气效果不会好，应该使用较大型的气泵，使气能从水底打上来，通常用功率 60 W 以上的气泵气压足够，安装分布的气头要多些，使曝气更加充分。锦鲤养殖池安装的生物过滤系统在生物过滤时需氧量很大，有充足的氧气才能使生物过滤效果好，水质更好。选用的气头要求出气气泡小而密，太粗大的气泡对氧气在水中的溶解帮助不大，只会浪费资源、增加噪声。

（2）优质的水环境管理。水质的好坏，很大程度上取决于过滤系统的质量，过滤系统好，水质清新，水中有害物质少，鱼生活得健康活泼。锦鲤对养殖用水的要求不是太高，符合《无公害食品　淡水养殖用水水质标准》（NY 5051—2001）的自来水、地下水、泉水、河水、湖水都可以用来养殖锦鲤。使用自来水养殖锦鲤时要对自来水进行除氯，氯对锦鲤有害，如果不除去，锦鲤容易发生氯中毒而死亡，通常要将自来水放置 3～5 d，或加入 1～2 mg/L 的硫代硫酸钠，就可以有效去除水中的氯。如果使用地下水，应注意测量水温，当水温骤然下降或升高 2～3℃时，锦鲤容易生病；如果水温相差太大，则容易感冒。锦鲤适宜生活的水温是 20～28℃，在这种水温下锦鲤游动活跃、体质健壮、食欲旺盛。如果水温升降温度达到 7～8℃，鱼经常趴底不动，如果温度突变幅度更大时锦鲤甚至会立即死亡。除注意地下水的水温外，还应检测水中是否存在有害矿物质，监测其 pH 值，锦鲤要求生活在微碱性的水中，较适合的 pH 值为 6.8～7.5，pH 值如果变化太大，锦鲤会因不适应而患病。使用的地下水通常都缺氧，需要打气曝氧后使用。如果养殖用水是河水或湖水，除了注意水温和 pH 值外，还应特别注意水中是否有污染物，最好检验合格后使用。

经过一段时间的饲养后，需要对养殖用水进行部分更换，以保持养殖水质清新。特别是夏天水温较高时，为了让鱼生长更快，往往加大投喂量，同时鱼的排泄量也会加大，水的负荷加重，水温高水的溶氧能力又在减弱，水质容易变坏。鱼池或鱼缸的水突然变成白浊色，就应该马上换水，否则容易发生因缺氧浮头而死亡情况。如果过滤系统较好，每月甚至每季度更换 1 次。如果过滤系统的性能一般，换水的间隔时间在 15 d。如果没有过滤系统，就要每天更换。每次换水量应控制在总水量的 1/5 左右，换太多水，水温变化和水质变化太大，使鱼不适应而得病。更换的水要保证清洁，无有害物质，用地下水更换时更应注意。锦鲤是具有较高观赏价值的较大型鱼类，随着消费水平的提高，锦鲤的养殖户逐年增多，现就锦鲤的饲养、管理等提出几点注意事项。

水温。锦鲤生活的水温范围为 2～30℃，最适生活水温为 22～28℃。在这种温度的水中，锦鲤游动活跃，食欲旺盛，体质健壮，色彩鲜艳。但水温不能骤变，换水时温差不能超过 3℃。

硬度。锦鲤喜欢在硬度低的水质环境中生活。软、硬水都可以养锦鲤（一般情况下，自来水是软水，泉水、井水是硬水），但应避免把锦鲤突然由软水移入硬度较大的水中，以免鱼体产生过敏反应。

酸碱度（pH 值）。锦鲤要求生活在微碱性的水中，较适合的 pH 值为 7.2～7.5。锦鲤不喜欢水质突变，不要将其从 pH 值低的水中突然放入 pH 值高的水中，以免因 pH 值相差太大而引起不适。锦鲤长期处于弱酸性水中（pH 值为 6.5 左右），不仅体色变坏，还易得鳃腐病。

亚硝酸盐、氨氮等有害物。鱼的排泄物溶于水中经各种途径产生亚硝酸盐、氨氮等有害物。有害物浓度过高时，鱼活动力减弱，浮上水表面，体色变淡，常常引起鱼死亡。有条件可安装循环过滤系统或定期泼洒光合细菌、枯草芽孢杆菌等有益微生物来降低亚硝酸盐、氨气。

锦鲤池。要求水必须无味、无臭，无色，透明度约达 2 m，无异常水泡，池壁青苔正常。池水化学测定：pH 值 6.8～7.4；硬度为 15 mg/L 以下，铁离子浓度 0.3 mg/L 以下，硫酸根离子 15 mg/L 以下，氯离子 19 mg/L 以下，不含残留氯，溶氧量 5 mg/L 以上，氨 0.1 mg/L 以下，亚硝酸盐 0.1 mg/L 以下，硝酸盐 5.5 mg/L 左右，不含硫化氢，BOD2.5～7 mg/L；浊度在 5° 以下，透明度在 100 cm 以上。

2. 饵料要求

锦鲤是杂食性鱼类，一般软体动物、高等水生植物碎片、底栖动物以至细小的藻类或人工合成颗粒饵料均可食之。最好投喂人工合成颗粒料、豆饼、菜饼、面包屑、鱼虫、蛤、蟹肉、蚕蛹等。注意夏季应在上午投喂饵料，饵料的投喂不能过量。可通过锦鲤的粪便来观察投喂是否过量，如果粪便变硬则说明投喂饵过量。

3. 光照要求

夏季，天气高温酷热，须加盖塑料遮光网，防止阳光直射，使阳光照度由 8 000～12 000 lx 降为 5 500～5 800 lx。

第五章　　锦鲤的饲料及投喂技术

一、饲料安全与精准投喂

任何生物的生长都要靠营养物质，锦鲤也是如此。吃得好，才能长得好，优质的饲料是锦鲤健康生长的根本。因此，应深学细悟"饵"字经，认真执行饲料安全规定，饲料碳水化合物、纤维素、矿物质以及维生素等含量达到正常指标。

1. 饲料质量安全及其重要性

锦鲤所需的饲料，其质量优劣不能仅用饲料系数来衡量，而要更看重其对锦鲤体型和色泽的影响。优质饲料对锦鲤养殖效果应从体型丰满、体色纯正、花色艳丽、抗病力强、生长速度快且稳定等几个方面体现。

（1）有效促进锦鲤生长。生产中曾探索研制一种锦鲤育成饲料，选用秘鲁鱼粉、虾粉、鲜淡水鱼肉、豆粕、菌体蛋白、天然藻粉、次粉等原料，锦鲤摄食适口性非常好，育成同等规格锦鲤比常规饲料的早20～30 d，生长速度明显加快，有效调节锦鲤育成时间，填补锦鲤消费市场的缺货空档，价优畅销。

（2）降低锦鲤养殖饲料成本。优质锦鲤饲料加工过程中，对粕类等原料采用二次粉碎工艺，使原料粉碎的细度更好，饲料熟化度更适宜，浮性膨化颗粒营养成分不散失，才能实现饲料转化利用率高，90% 以上得以被鱼消化吸收，饵料系数保持在1～1.2。目前，一些品质较差的锦鲤饲料，营养成分不够科学、合理，难以满足锦鲤正常的生长需求，也有部分营养成分超标过剩现象，造成了浪费。

（3）有助于显现锦鲤体型和色泽特征。优质专用的锦鲤饲料，配方中各组分的能量和蛋白质含量丰富全面，满足锦鲤生长的营养需求，能促进锦鲤发育，使其体型丰满。配方中添加的辣椒粕和天然藻粉等亦能够有效改善鱼体颜色，使锦鲤体色纯正、花色艳丽。

（4）降低水域污染和病害发生。锦鲤养殖过程中，会自然产生粪便、代谢废物、残饵等有机物，必然对养殖水域造成一定污染。优质的锦鲤饲料饵料系数低，锦鲤对饲料的吸收利用率高，排泄产生的有机物相对较少，对养殖水域的污染会降低，反之，劣质饲料饵料系数大，锦鲤对饲料的吸收利用率低，排泄产生的有机物多，对水域的污染危害会增大。在生产实践中，持续选用高档优质锦鲤饲料，可深刻感受到养殖水域环境能保持良好稳定性，同时锦鲤生长健康、体质健壮、抗病能力明显增强。

（5）能够有效节约原料资源。从相对固定的锦鲤产能来讲，优质的饲料利用率高，饲料消费总量就会低，相应饲料生产需要的原材料就会减少，一方面直接节约原料资源，另一方面促进原料资源保持相对充足，不会出现价格过高的现象，保证锦鲤饲料的成本相对不高且稳定。

2. 锦鲤的饲料种类

锦鲤属杂食性鱼类，对鱼粮的适应规模很广，一般可以选择动物性饲料、植物性饲料和合成饲料。通常来说，软体动物、底栖动物、高级水生植物碎片，以及细微的藻类都能够作为锦鲤食粮，并且它们还能从池塘底泥中掘取一些食物。随着锦鲤养殖业发展，合成饲料成为喂养锦鲤的首要选择，合成饲料营养成分丰富，可以使锦鲤健康、美丽、有活力。

（1）植物性饲料。锦鲤的饲料以动物性饲料为最理想，但是，由于多种原因在缺乏动物性饲料的情况下，植物性饲料可以成为救急或维持生命的辅助饲料。常见的有芜萍、水草等，其中，芜萍是种子植物中个体较小的种类之一，无根茎，细小如砂，营养成分也较好。一种是小浮萍，它有一条细丝状根，锦鲤在饥饿时也可以吃，一般只可喂较大的锦鲤，但不可多喂，饲喂前要仔细检查有无害虫和虫卵，或用低浓度的高锰酸钾溶液浸泡片刻，以免带入病菌和虫害。

（2）动物性饲料。动物性饲料是锦鲤喜爱吃，而且营养丰富的饲料之一。

鱼虫俗称红虫、水蚤，是滋生在污水坑塘、池、江河中的浮游动物，是各种水蚤的俗称。鱼虫体型有大有小，如红蜘蛛虫，体色呈血红色，体形偏小，不仅营养丰富，而且因其以浮游植物为食，有利于净化水质，所以，常用鲜活的红虫适当投喂（指不过剩）的锦鲤要比投喂其他代用饲料的锦鲤发育快，颜色鲜艳、鱼病发病率也相应减少。

剑水蚤，俗称青蹦，属甲壳动物中的桡足类。呈青灰色，它的优点是生命力强，游动快，能存养几天不死。但缺点是体型小，游速快，难捕食，而且剑水蚤还能咬伤小鱼苗，所以，投喂剑水蚤时，最好用开水烫一下。

草履虫，俗称灰水，是浮游生物中几种原生动物的俗称。例如草履虫，可用稻草培养，最适宜投喂刚孵出的鱼苗。轮虫，是多细胞动物（即由许多细胞组成其本身的）的统称，如龟纹虫、水虫、柱虫、泡虫等。

孑孓，南方称为血虫，北方地区称为油蹦，是摇蚊的幼虫，体色血红，故得名为血虫，其营养丰富，价格也比较贵，不容易保存，需要冷藏，一般爱好者直接将其冷冻后投喂。

水蚯蚓，种类较多，锦鲤最爱吃，含有丰富的蛋白质、脂肪和维生素。一般生活在肥沃的江河或流水的阴沟污泥表层，一端伸入污泥中，一端随水摆动，个体细小、柔软、体鲜红色或深红色，容易被锦鲤吞食，但在投喂前必须进行反复漂洗，有条件时必须先养几天，待泥吐净后再投喂。

（3）配合饲料。发展规模锦鲤养殖业，光靠捕捞天然饵料鱼虫不能满足需要，除开展人工培养鱼虫外，还必须发展配合颗粒饲料的生产，供应市场，一方面可解决养殖场的饲料来源，另一方面也可满足锦鲤爱好者家庭养玩锦鲤的需要。有了人工饲料锦鲤合成料，家庭饲养锦鲤就方便多了；配合颗粒饲料营养成分齐全，符合锦鲤生长发育的需要，主要成分包括蛋白质、糖类、脂肪、无机盐和维生素等五大类。蛋白质是锦鲤身体的主要组成成分，在体内的作用是生长新组织，修补旧组织，也是热能供应的组成成分。饵料中足够的蛋白质，能促进锦鲤快速生长。糖类是锦鲤体内热能的主要物质，是锦鲤的主要饲料成分。脂肪是储存热能最高的食物，其生理功能和糖一样，在体内氧化供给能量。一般来说，饲料中缺少脂肪，锦鲤生长慢、个体小，会降低鱼体对低温、缺氧的耐力，越冬时易造成死亡；脂肪过多，鱼体过肥，会阻碍性腺的发育。无机盐类是组成骨骼的主要元素，如磷酸钙、碳酸钙。鱼的血液、肌肉也含有一定量的钙和磷。饲料中含有一定量的钙还能能促进消化和帮助脂肪、磷的吸收。锦鲤除了能从饲料中获得钙和磷外，也能通过皮肤、鳃将水中的钙和磷渗透到体内。锦鲤还需要铁、铜、镁、钠、钾、钴等微量元素，缺少了这些元素就会生长缓慢，发生疾病。维生素也是锦鲤生长必需的。长期缺乏维生素，鱼体发育不良、生长缓慢或完全停止，甚至会产生畸形，对外界不良环境和各种鱼病的抵抗力降低。缺乏维生素 A，会引起鱼鳍开裂，鱼体色素消失，体色变淡，不鲜艳；缺乏维生素 E，会使性腺发育不良或不发育，同时对水生真菌的抵抗力在为降低，在饲料中加少量维生素 B_{12}，能够促进生长。

3. 影响锦鲤饲料质量的因素

（1）饲料原料。只有优质的原料才能产出优质的饲料。即便配方中设计的原料组成非常科学合理，但是同一类原料因品种、产地和加工工艺不同会直接导致原料的颜色、气味呈现较大区别，饲料的颜色和气味自然也会有所变化。例如植物原料中菜籽就有浅褐色的和黄色的，豆粕有进口的和国产的，粕类原料有浸出提取的和压榨的，动物蛋白源有进口鱼粉、国产达标鱼粉，甚至还有小杂鱼自制鱼粉、羽肠粉等。

（2）粉碎工艺。饲料原料粉碎可历经粉碎、二级粉碎、微粉碎、超微粉碎等工艺流程，粉碎得越细，制成的饲料颗粒越紧密，这样的饲料易消化，吸收利用率高，饵料系数低。

（3）搅拌混合程度。饲料所有的原料充分进行搅拌，使其完全混合均匀，原料之间变异系数小，饲料色泽较深且均匀一致；反之，颗粒的外观就有斑点，颜色也深浅不一。

（4）挤压成型工艺。加大饲料的熟化程度，促进饲料中淀粉糊化使其起到黏接作用，可有效提高饲料营养价值，增强饲料在水中的稳定性。制粒过程中，通常采用延长调质时间、提高调质温度等方法来实现，进而影响饲料颜色和气味。

例如渔用配合饲料的模比一般在 1∶11 以上，模比越大，颗粒在模具中挤压时间越长，产品外观更光滑、颜色更深。在模比相同的情况下，粒径越小，颜色越深。调质时间越长，原料中淀粉糊化越充分，饲料的黏结性越好、颜色越深。饲料颜色还会随温度的升高而加深，气味也随之变化。

（5）冷却工艺。颗粒从环模中脱出时温度约为 90℃，水分 15%～16%，比较柔软，须经过冷却系统将其转化成水分在 13% 以下的硬颗粒。一般饲料场均采用逆流式冷却器，冷却时风过大，会导致颗粒表面开裂，颜色不均匀。因此，宜采用小风量慢冷却，以便颗粒表面颜色均匀，不开裂。

（6）存放时间。存放时间过长、受潮后，饲料外观将失去光泽，逐步表现出变质气味，失去了原有的香味，同时营养散失，使用效果不明显，甚至诱使鱼病多发。因此，选购饲料时一定要注意饲料包装标签上的生产日期和保质期。

4. 锦鲤饲料的选择

锦鲤生性温和，喜群游，易饲养，对水温适应性强，而且锦鲤还是杂食性鱼类，对食物的要求不太严格，软体动物、高等水生植物碎片、底栖动物以及细小的藻类或人工合成颗粒饵料都可作为锦鲤饵料。

（1）科学选择锦鲤配合饲料。一是考虑质量。优质的饲料应该是不污染水质的，并且包含鱼类所需的营养成分。可以通过观察饲料的气味、颜色、形状等来判断其质量。二是考虑锦鲤的年龄和需求。对于幼鱼和成鱼，需要选择不同的饲料。幼鱼需要更多的蛋白质和脂肪，而成鱼则需要更多的维生素和矿物质。三是考虑水温。水温不同，锦鲤对饲料的选择不同。温暖的水中，锦鲤常愿意吃含有更多蛋白质的饲料，而在冷水中的锦鲤则可能更喜欢吃含有更多脂肪的饲料。

（2）锦鲤所需要的增色物质。对锦鲤而言，体色是影响其价值的主要因素之一。锦鲤的体色主要是由基因决定的，但许多因素（如光照、生理状况、饲料营养等）都能影响鱼的体色。通过改善饲料来改善锦鲤色泽是一种比较常用的锦鲤增色法，提升锦鲤颜色的专门饲料叫作色扬饲料，其主要成分就是类胡萝卜素。锦鲤鱼，尤其是红白锦鲤，鱼体上呈现的红色，都是因为这种类胡萝卜素的存在，但是类胡萝卜素同维生素一样，鱼体内无法自身合成，只能从食物中获得。

类胡萝卜素的种类较多，有黄色、橘色、红色等。例如菠菜中含的类胡萝卜素是黄色的，玉米中含的胡萝卜素是红色的。尤其是自然界的藻类中含有的类胡萝卜素更是丰富，所以会经常看到大家为了让锦鲤鱼的红斑更红更艳，都会喂食一些螺旋藻。水产动物养殖中常见的类胡萝卜素有β-胡萝卜素、玉米黄素、金枪鱼黄质和虾青素等。锦鲤能把玉米黄素代谢为虾青素，便自身呈现红色。

锦鲤对各种色素的吸收利用能力也不同，吸收率由高到低依次为玉米黄素、虾青素、叶黄素。由于鱼类具有将玉米黄素、虾青素等转变为维生素A的能力，故饲料中维生素A不足会影响锦鲤对类胡萝卜素的沉积，而维生素E等可促进对类胡萝卜素的利用率。

色素本身的构型不同，增色效果也各有差异。天然色素具旋光性，在鱼体内的沉积率可高达100%，比人工合成的色素要高。螺旋藻、小球藻和雨生红球藻粉都是改善锦鲤体色极好的色素源，但目前应用较多的主要是螺旋藻。用螺旋藻喂养观赏鱼，不论是红色素的鱼（如锦鲤、金鱼）还是非红色素的鱼，其体色会同样变得鲜艳美丽，且生长繁殖能力明显增加。

化学合成法生产的着色剂有胡萝卜素、番茄红素、胡萝卜醛或胡萝卜酸乙酯、柠檬黄质和虾青素等，将其添加到鱼饲料中，均有一定的改善体色作用。

还有一类着色剂是从天然色素源中提取的，例如微生物红法夫酵母能生产十几种类胡萝卜素，其中，主要是虾青素和胡萝卜素，而野生菌中虾青素的含量为40%～95%。目前，国外学者在保加利亚酸奶中分离出一种深红法夫酵母，与红法夫酵母相比其虾青素产量要高 80 倍，而且营养要求较低，生产速度较快，从而使虾青素的生产有望达到商品化，并有助于锦鲤的增色。

要注意的是，在锦鲤养殖中，一定范围内体色的鲜艳程度与食物中类胡萝卜素含量及投喂时间的长短呈正相关关系，但鱼体的色泽也并非始终随添加的色素量而加深，相反，若色素添加量超过一定限度，鱼体肌肉中沉积的色素量会下降。另外，在锦鲤的不同发育阶段或生理状态对色素的沉积能力存在一定的差异，不同性别的鱼色素沉积能力也存在差异，一般是雄性比雌性强。对于同一条鱼而言，处于"转色期"时着色更明显，并且不同部位色素的分布不均匀，其含量为鱼尾＞鱼鳞＞鱼头＞鱼肉。

此外，鱼体的健康状况会影响摄食率、消化率，而最终影响其对色素的吸收利用情况，影响色素在体表及肌肉中的沉积量，影响鱼体的色泽。鱼体的养殖环境如光照、水温、溶氧、pH 值、浮游生物等都会影响色素在体表、肌肉的沉积率。不良的水体环境影响鱼体生活状况，进而影响色素的吸收和沉积。

因此，选择锦鲤饲料时不能被感观所迷惑。锦鲤饲料的感观一是颜色、二是气味。养殖户对配合饲料色、味、感等质量方面的评判通常有这样的观点：色泽较重且偏黑的饲料原料用的劣粕（菜粕、棉粕等）较多，色泽较浅且泛黄的饲料原料用的好粕（豆粕）多；鱼腥味大的饲料用的鱼粉好（进口的）、添加量大，鱼腥味小的饲料用的鱼粉劣（小杂鱼做的）、添加量小。饲料色泽和气味的不同决定着饲料的质量。这些观点和看法有一定道理，但绝不是完全正确。所以在选择饲料时，不应单被表面观感迷惑，因为有相当一部分饲料厂家，是通过大量添加鱼腥香等原料增强饲料鱼腥味，通过超量使用劣质杂粕调整饲料颜色。

关注粗蛋白含量的同时更注重蛋白质质量。饲料粗蛋白含量指标是一个基本的评价指标，蛋白质的质量才是真正影响饲料质量的关键所在。有些饲料添加了羽肠粉等蛋白源原料，所表现出的粗蛋白含量均符合相关要求，但这类蛋白的吸收利用率很低，不光满足不了锦鲤生长需要，还会产生大量的蛋白排泄物，严重污染水体。真正的优质饲料，是粗蛋白质量高且易消化吸收的饲料。

牢记"货真价实"的道理。"巧妇难为无米之炊"，低价的饲料不会有优质的原料，选料的时候不要一味地看价格。"货真"价才"实"。选用低价饲料，表面上节约了成本，实际上，会因为其质量低下，导致鱼类生长缓慢、抗病力下降、水质严重污染等，最终无法达到理想的养殖效果。

坚决杜绝使用添加违禁品的饲料。不能单纯追求鱼的生长速度，对那些加入违禁促生长激素的饲料，必须坚决杜绝使用，以确保锦鲤的安全健康。

养好锦鲤，除要求繁育亲本优良，还要注重饲料的选择和日常饲养。

二、锦鲤饲料及其分类

鱼粮是依照锦鲤的生活特性，根据锦鲤养殖各阶段的不同需求，通过科学的配方技术配制而成。饲料应满足锦鲤的营养需要，同时强化各种功能要求，精选各种优质原料，生产过程经过严格的质量监控，专门为锦鲤设计的健康成长配方，保持良好的适口性。

1. 按投喂时期的分类

在幼鱼、仔鱼阶段需要有相应的锦鲤幼鱼料、锦鲤成长仔鱼料、锦鲤增色仔鱼料。

（1）锦鲤幼鱼料。专门针对锦鲤鱼苗量身定制的高消化促生长配方，全面满足鱼苗的营养需要，更好地促进幼鱼骨骼成型；通过完全熟化工艺，更有利于消化吸收利用和肝肠发育；特别添加褐藻、螺旋藻的萃取精华天然增艳成分，既促成长又增加鱼苗色泽，更加利于挑选；特别添加从蛋黄中提炼的卵磷脂与不饱和脂肪酸DHA，可大大促进幼鱼成长；添加免疫生物活性成分，可大大提高锦鲤幼鱼免疫力并降低锦鲤幼鱼发病率。

（2）锦鲤成长仔鱼料。含有丰富优质蛋白质、氨基酸、维生素和矿物元素，可令锦鲤仔鱼快速成长，同时强壮骨骼；含适量褐藻、螺旋藻精华搭配，能维持和增加色泽；特别添加酵母发酵精华，维持肠道微生态菌群，促进消化吸收，提高仔鱼免疫力。

（3）锦鲤增色仔鱼料。高蛋白配方，令锦鲤仔鱼快速成长，同时强壮骨骼；丰富的螺旋藻和虾青素搭配，具有强效增色作用，使其色泽艳丽；特别添加酵母发酵精华，维持肠道微生态菌群，促进消化吸收，可提高仔鱼免疫力。

2. 根据功能分类

锦鲤饲料包括主食、育成料、扬色料、超级扬色料、增康料、增体料、胚芽料等。

（1）主食。要求满足锦鲤的日常基本营养需求，营养均衡，易消化吸收，可使锦鲤健康成长；添加适量螺旋藻，保持锦鲤一定色泽；添加DHA、EPA、天然草本植物萃取的精华复合物，通过优康配方，益生菌、益生元相结合，保肝护胆，促进消化吸收，减少废物排出，提高免疫力。主要原料是鱼粉、虾粉、小麦粉、小麦胚芽、浓缩蛋白、米糠、豆粕、酵母粉、褐藻、螺旋藻、油脂、矿物质、维生素、磷酸二氢钙、氯化胆碱、氨基酸、甜菜碱、免疫活性成分、L-肉碱。

（2）育成料。要求含优质的蛋白质、氨基酸、脂类、维生素和有机矿物质等，促进锦鲤生长发育，拥有好的体型；添加适量褐藻、螺旋藻，增加锦鲤绯盘红润度，达到一定增色的同时增加质地光泽；添加DHA、EPA、天然草本植物萃取的精华复合物，通过优康配方，保肝护胆，促进消化吸收，减少废物排出，提高免疫力。主要原料是鱼粉、虾粉、小麦粉、小麦胚芽、酶解蛋白、米糠、豆粕、酵母粉、褐藻、螺旋藻、油脂、矿物质、维生素、磷酸二氢钙、氯化胆碱、氨基酸、甜菜碱、免疫活性成分、L-肉碱。

（3）扬色料。锦鲤的扬色饲料中都含有高量的螺旋藻和天然虾红素等类胡萝卜素，螺旋藻中类胡萝卜素含量高，其主要成分 β-胡萝卜素和叶黄酸，是胡萝卜的15倍，菠菜的40～60倍，在水产动物体内被代谢成虾青素和斑蝥黄质，增色效果明显。同时类胡萝卜素是维生素A的前体，在体内可随时转化成维生素A，能增强细胞韧性和自由基活性，从而增强对细菌及霉菌类疾病的抵抗力。成分快速促进绯质艳丽度，而且对白质没有负担，同时配以辅助色素吸收的助色因子和卵磷脂成分，促进脂肪吸收，增加光泽度，使用3～4周后彰显锦鲤艳丽色泽，自然上色，持久不退。主要原料是鱼粉、磷虾粉、小麦粉、小麦胚芽、酶解蛋白、米糠、酵母粉、褐藻、螺旋藻、油脂、卵磷脂、矿物质、维生素、磷酸二氢钙、氯化胆碱、氨基酸、甜菜碱、类胡萝卜素、大蒜粉、免疫活性成分、L-肉碱。

（4）超级扬色料。极高含量天然螺旋藻、叶黄素和虾红素等类胡萝卜素等天然增艳成分。虾红素具有极强的色素沉淀能力，作为一种功能性色素，锦鲤对虾红素的吸收和积累要比角黄质、叶黄素和玉米黄质等其他类胡萝卜素有效直接，配以各种辅助色素吸收的助色因子和卵磷脂，令锦鲤2周后彰显艳丽色泽，同时特殊配方可使锦鲤质地醇厚和艳丽色泽厚实自然持久。主要原料是鱼粉、磷虾粉、小麦粉、小麦胚芽、酶解蛋白、米糠、酵母培养物、褐藻、螺旋藻、油脂、卵磷脂、矿物质、维生素、磷酸二氢钙、氯化胆碱、氨基酸、甜菜碱、虾红素、叶黄素、大蒜粉、免疫活性成分、L-肉碱。

（5）增康料。高含量优质动物蛋白搭配高比例氨基酸，可强烈促进锦鲤背肌的发育隆起；同时强化有效磷，合适的钙磷比，促进骨骼生长，使锦鲤拥有健硕体型；含适量天然螺旋藻和类胡萝卜素成分，促进生长同时增加锦鲤绯盘红润度；添加卵磷脂，促进脂肪吸收，增加质地光泽度。增康料主要原料是鱼粉、磷虾粉、小麦粉、小麦胚芽、酶解蛋白、酵母粉、褐藻、螺旋藻、油脂、卵磷脂、矿物质、维生素、磷酸二氢钠、氯化胆碱、氨基酸、甜菜碱、类胡萝卜素、大蒜粉、免疫活性成分、L-肉碱。

（6）增体料。该种饲料为快速促进锦鲤生长的功能粮，应用高能量高蛋白配方，合适的能蛋比，配合高含量氨基酸和维生素，增强适口性，使锦鲤在短期内促进肌肉生长，达到爆身效果而不囤积脂肪；同时强化有效钙磷的吸收，增强各部位骨骼生长，缔造完美体型；含适量天然螺旋藻和虾红素成分，配以助吸收的卵磷脂成分，促长同时增强锦鲤绯盘色泽。增体料主要原料是鱼粉、磷虾粉、小麦粉、小麦胚芽、酶解蛋白、酵母培养物、褐藻、螺旋藻、油脂、卵磷脂、矿物质、维生素、磷酸二氢钠、氯化胆碱、氨基酸、甜菜碱、虾红素、大蒜粉、免疫活性成分、L-肉碱。

（7）胚芽料。本品含超高量优质小麦胚芽，植物称为胚，相当于动物的胎盘，胚芽虽然仅占麦粒的97%，但却含有动物体必需的 8 种氨基酸，含量比大米、白面高出 6～7 倍，小麦胚芽中亚油酸的含量占 60%，其中，80% 是不饱和脂肪酸，小麦胚芽中含有丰富的维生素，特别是维生素 E 的含量，高达 34.9 mg/100 g，被称为天然维生素 E 的仓库，具有增强细胞活力的功能；小麦胚芽还含有多种矿物质和微量元素，即使在低水温下也能利于锦鲤的消化吸收，满足锦鲤生长发育，同时有效提高锦鲤抵抗力，减少对不同环境的应激反应，保持最佳状态；搭配适量褐藻、螺旋藻，增强锦鲤靓丽色泽的沉积，增加锦鲤绯红盘红润度；添加卵磷脂，促进脂肪吸收，使鳞片和肌肤增加光泽度。胚芽料原料主要是鱼粉、虾粉、小麦粉、小麦胚芽、米糠、酶解蛋白、酵母粉、褐藻、螺旋藻、油脂、矿物质、维生素、磷酸二氢钙、氯化胆碱、氨基酸、甜菜碱、免疫活性成分、L-肉碱。

三、锦鲤饲料搭配方案

1.不同锦鲤饲料适用的养殖锦鲤对象（表1）

表1　不同品种锦鲤饲料适喂对象

品种	适合喂养对象
主食	一般商品鱼的经济料，鱼的健康成长有保证
育成料	精品商品鱼的成长料，价格不高，但蛋白和营养比主食更胜一筹
扬色料	精品鱼的自然上色料，色泽厚实持久，不退绯
超级扬色料	养殖精品鱼必需，快速上色，厚重度和光泽度较强，不退绯，合理搭配针对使用
增康料	精品鱼的高成长料，小鱼用可拉大骨架，有增体效果，性价比很高，卵磷脂的添加也保证了鱼体色的质感和光泽，可长期喂食
增体料	为功能料，特别能弥补精品鱼尾桶和肩高等的不足，全面爆身；包括沉粮和浮粮，而沉粮符合锦鲤下层采食的天然习惯，更有利于尾桶的塑造，喂食管理相对较细，浮粮和沉粮各取所需，短期喂食或长期搭配使用
胚芽料	富含小麦胚芽，适合低水温时用，更易消化吸收，调理锦鲤肠胃

2.不同级别锦鲤适用的锦鲤饲料搭配方案（表2）

表2　不同品种锦鲤饲料搭配方案

级别	育成阶段目标	鱼粮搭配利用方案
A级精品鱼	快速成长	增康料：扬色料 =3：1
A级精品鱼	壮骨长肌	增康料：增体料：扬色料 =5：3：2
A级精品鱼	快速爆身	增体料：超级扬色料 =4：1
B级精品鱼	健康成长	主食，上市前10 d可加1/3扬色料吊色
B级精品鱼	长期成长	育成料：增康料 =3：1
B级精品鱼	长期快速成长	育成料：增康料：扬色料 =5：2：3

可以根据不同需求采用不同配比，自由搭配，达到全面巩固良好体型，提升色质目标

四、锦鲤喂养技术

1.不同水温下如何选择鱼粮（表3）

表3　不同水温下鱼粮的选择

名称	10℃以下	10~15℃	16~23℃	23~29℃	30℃以上
饲喂次数	停喂或少量	1次/d	2~3次/d	3~5次/d	少量
主食			适合	最佳	
育成料			适合	最佳	
扬色料			适合	最佳	
超级扬色料			适合	最佳	
胚芽料	少量	最佳	适合	适合	适合
增康料			适合	最佳	
增体料			适合	最佳	沉性料适合

2. 如何选择合适粒径的锦鲤饲料（表4）

表4 不同体长锦鲤适喂饲料粒径

饲料粒径 （mm）	<2 cm	2～3 cm	3～5 cm	5～8 cm	8～15 cm	15～30 cm	>30 cm	>50 cm
0# 粉料 ≤0.15	—							
1# 微颗粒 0.2～0.5		—						
2# 微颗粒 0.6～0.9			—					
特小粒 XS1.5～2.0				—				
小粒 S2.6～3.2					—			
中粒 M4.6～5.4						—		
大粒 L6.6～7.6							—	
特大粒 XL9.0～10.5								—

3. 如何确定日投喂量

水温在 20～30℃时，日投喂量 2～5 次，日投喂量占体重的 3%～6%，锦鲤的饲喂量以锦鲤吃到八分饱为宜，常以大鱼 30 min 吃完、小鱼 10 min 吃完为佳。为培养巨鲤，就必须少量多餐，需要兼顾水质的好坏、天气状况、鱼体健康状况而定（表5）。

表5 锦鲤每日投饵量与温度、体长、体重的关系

日投饵量（g）	0.9	2.7	4.2	6	12	21	30	24	30	60	75	90	150
全长（cm）	10	13	15	18	25	30	35	40	45	50	55	60	70
体重（g）	15	45	70	100	200	350	600	800	1 000	2 000	2 500	3 000	5 000
20～30℃时投饵率（%）	6	6	6	6	6	6	5	3	3	3	3	3	3

五、饲料投喂原则

1. 饲料投喂

饲料投喂是日常管理最重要的一环，也是最有意思的一项。每天在鱼池或鱼缸旁看着鱼欢快地争抢饲料简直是趣味无穷。

投喂量需要认真注意，喂少了，鱼不够吃，得不到足够的营养，导致面黄肌瘦、颜色黯淡；喂多了，剩料和排泄物会污染水体，导致水体缺氧。按鱼的体重确定投喂量是最科学的，锦鲤的饲料投喂量按体重的3%～6%最合适，以养殖水体的水温、鱼的个体大小、水质、锦鲤活动及摄食状况确定。在家庭养殖锦鲤，严格按体重投喂一般不太现实，应该如何投喂既方便又科学，据经验，通常健康正常的鱼在15 min内可以吃饱，在没有称重的情况下，以15 min内吃完的量是最合适的投喂量。

2. 饲料的选用

鱼的营养来源基本上都是饲料，鱼的各个生长时期，需要的营

养都有所不同，一年四季水温的不同，鱼的消化吸收也有所差异，所使用的饲料也不一样，同时普通养殖使用的饲料和提高色彩所使用的饲料也不尽相同，怎样选用饲料最合理？

（1）根据生长期的不同选用饲料。小鱼期（10 cm 以内）是长身体的初级阶段，饲料主要是提供身体发育所需营养的成长料，通常蛋白质的含量较高，动物蛋白和植物蛋白的含量均等，总量大概在 40%，一般颗粒使用一、二号比较合适；当鱼长到 10 cm 以后，除了喂生长料外，还应增加少量的增色饲料，但数量不应太多，占饲料量的 10% 左右较合适，除了长身体外，还能为以后长出艳丽色彩打下基础。到了 20～30 cm，是锦鲤生长的旺盛期，这个时期如果仅投喂成长料，会抑制其生长，水温合适的话就应该增加投喂速长料，速长料的脂肪含量较高，配制的营养有利于锦鲤快速生长，对希望培育成大型巨鲤非常有利，如果这个阶段处理得当，锦鲤的体长可以迅速增加 20～30 cm，即从 20 cm 的锦鲤迅速增长到 50 cm。速长的鱼在保色方法上要非常注意，因为锦鲤在快速生长时，往往颜色会减退，特别是红色斑，一旦褪没，就不可恢复，所以在饲喂速长料的同时，要投喂品质好的增色料，以便保住其色斑不褪而艳丽。同时应注意投喂速长料的适合条件是仅可以在水温高于 25℃时进行，水温低于 25℃还继续投喂速长料，锦鲤易得肠炎病。现在市场上都有功能分得很细的各种配合颗粒饲料，可以按水温和需要选用饲料。水温在 25℃以上时鱼的新陈代谢快、吸收得好，可以选用蛋白质高的饲料，锦鲤生长速度快，这时候选用的饲料蛋白质含量应该在 38%～45%。如果水温低于 25℃，如果继续选用高蛋白质的饲料，鱼就会由于新陈代谢慢、吸收差，容易患肠炎病并发烂鳃病，这时就应该选用比较容易吸收的含小麦胚芽粉的饲料。如果水温低于 12℃，不只是不能投喂高蛋白质的饲料，甚至可以考虑停喂饲料。一般情况下增色的饲料在水温高的时候比较有效。

（2）必要时期还需将添加剂混入饲料。例如将抗生素混入饲料防治细菌性疾病，将中草药混入饲料可以提高其免疫力和抗病能力，将益生菌混入饲料能够提高锦鲤的生长速度、改善肠道功能、改善水质。根据需要，每个时期选用与锦鲤生长发育相适应的饲料。

六、夏秋季节锦鲤饲料的保管和储存

时值夏秋季节，气温高，湿度高，配合饲料在高温环境下如保管不当，会发生霉变产生有毒有害物质而失去食用价值，容易造成锦鲤的健康问题。温度和湿度是影响配合饲料保管和存储质量的两个重要因素。

1. 温度

温度对配合饲料的保管和贮存影响很大，因为配合饲料里存在营养物质和少量水分，为细菌的生存、繁殖提供了有利条件，高温下细菌体内酶的活性有一定程度提高，细菌活动性增强，大量繁殖，使配合饲料中的组成成分迅速分解后腐败变质，对正常生长也造成影响，长此以往，影响光泽、肠胃消化等。当温度低于10℃时，霉菌生长缓慢，高于30℃则生长迅速，配合饲料会迅速变质，因此，高温期间，配合饲料应存放在低温通风处，温度以26℃及其以下为宜。有条件的可以把饲料放于8℃左右的冰柜里存放。使用户外自动喂食机的，谨防机内温度过高，最好能把机器放在有遮阴避阳的地方，每天添加当天适量饲料为好。

2. 湿度

空气中的湿度和水分对于配合饲料的贮存同样起着重要的作

用，配合饲料的水分一般要求在 12% 以下，若空气中的湿度过高，导致配合饲料中的水分超过了这个比例，再遇夏秋季高温，极易霉变。因此，配合饲料在高温期间的贮藏要保持干燥，包装要密封或存放空间有降温除湿的设备，以阻止空气中水分的渗入。为了防潮，饲料在存放时还应离地面 30 cm 以上，而且不能靠墙，开封后的饲料请尽快喂完，若有剩余的饲料可以用铁桶、储物箱、瓦罐、冰柜或空调房来储存。

第六章　高唐锦鲤常见病害及其防治

锦鲤的病害和其他观赏鱼病害的类型大致相同，也有白点病、竖鳞病、水霉病及一些寄生虫的侵害，治疗用药方法可以参照金鱼、热带鱼的方法。

为了防止锦鲤患病，可以事先做好一些预防工作。锦鲤在购入前一般都是生活在户外的鱼塘或鱼池中，容易被锚头头蚤、鱼鲺等寄生虫寄生。所以买回后一定要仔细检查，发现后及时清除。最好是将买回的鱼进行 10 d 左右的隔离观察，看看是否有病态等异常现象，以便及早发现、早治疗。在水族箱中饲养锦鲤要注意控制水质，经常换水，不要因水质败坏而引起锦鲤体表充血。池塘饲养不易观察，要注意防治寄生虫病。新鱼检疫和饵料消毒处理可避免大部分疾病发生。要经常泼洒一些抗病药物，如亚甲基蓝，浓度以保持微蓝色为宜，可起到预防疾病的作用。

一、锦鲤病害发生的主要原因

锦鲤发生病害的原因主要是由内在因素和外在因素造成。内在因素一般是指锦鲤的体质较差，抗病能力弱，易受疾病侵害。这类锦鲤多半是亲本质量不好而出现的近亲杂交种类或营养不良的种类，自身免疫能力低下。通常，病原微生物进入鱼体后常被鱼类的吞噬细胞所吞噬，并吸引白细胞到受伤部位，一同吞噬病原微生物，表现出炎症反应。如果吞噬细胞和白细胞的吞噬能力难以阻挡病原微生物时，就会导致锦鲤发生病害。

外在因素相对比较复杂。锦鲤的正常生理活动，基本要求是良好的水环境，若水质条件超过了锦鲤正常的生存范围，甚至超过忍耐的极限，必然会引起锦鲤的生理紊乱，就会发病，甚至死亡。外在因素主要如下。

1. 水体恶化

如果锦鲤养殖的密度较大，极易导致其生存的生态环境恶劣，再加上不及时换水，锦鲤排泄物、分泌物过多，二氧化碳、氨氮增多，微生物滋生，藻类浮游植物生长过多，都可使水质恶化，溶氧量降低，易引起致病病原微生物大量繁殖，导致鱼病的发生。

2. 水温不适

锦鲤是水生动物，其体温随着水温的变化而变化。换水时如超过适应范围的上限或下限，以及水温短时间内多变或长时期水温偏低，都会引起锦鲤肌体抵抗力下降，病菌乘虚而入，引发鱼病。

3. 喂养不当

人工投喂是目前饲养锦鲤的基本措施，如果盲目投喂，饥饱不均；或投喂的饲料品种单一，质量粗糙，营养成分不足，缺乏合理的蛋白质、维生素、微量元素等，都会引起鱼体质衰弱，发生疾病。特别是饵料中长期缺乏某种或多种营养物质，会引起鱼体畸形，造成代谢障碍，影响免疫系统，而引发鱼病。

4. 水体 pH 值不适

锦鲤对饲养用水的酸碱度有一定的适应范围，偏好弱碱性水质，超过适宜的范围，鱼也容易生病。

5.操作不当

主要指在拉网、捕捉、转运等各项操作中，因动作不够娴熟或不仔细，碰伤鱼体；或受惊跳跃落地，造成鳍条开裂、鳞片脱落。病原微生物易从伤口侵入，引起伤口感染，使鱼患病。

6.病原体侵害

锦鲤常见的鱼病大多都是由病原体侵袭鱼体而引起的，这些病原体包括细菌、病毒、真菌、寄生虫、原虫动物等。病原体都是由外部带入养殖水域内的。来源很多且错综复杂，例如从自然界中捞取活饵、采集水草，或购买锦鲤或投喂时，由于消毒、清洁工作不彻底，都有可能带入病原体。另外，与有病的锦鲤使用同一工具，工具未经消毒处理，或者新购入的锦鲤未经隔离观察就放入池中，都能重复感染或交叉感染，而引发鱼病。

二、锦鲤病害的简易诊断

通过对锦鲤的全面观察、细致检查和科学诊断才能得出正确的病情结论。常见的诊断方法有目测检验法、镜检法和组织培养法等。目前，最简便的方法是目测检验法，这也是最常用的一种经验检验法。患病锦鲤一般都会在行动上和体色上有明显的异常表现，例如呼吸加快、游动异常、体表充血、有白点或白膜等。进一步检查是将有病症的锦鲤捞出，先检查它的体表、鳃、鳞片、鳍等部位，必要时再进行鱼体解剖，检查肝、胆、肠道等器官有无异常，是否有寄生虫及黏液、充血、发炎、腐烂等症状，为诊断提供依据。

1.行为观察

一般情况下，出现病症的锦鲤常表现为离群缓游，当走近病鱼时，这样的锦鲤基本都是无动于衷，仍浮在水面漫游或吃水（类似浮头的症状），当给予的较强的惊动时才潜入水中，但很快又浮于水面；有的锦鲤甚至呈昏睡状态，浮于水面或靠边角独处；有的则游动急躁、动作失衡，旋转、倾斜、翻转、摇摆不定，或以身体擦碰池底、箱壁等。

2. 体色变化

病态的锦鲤多显消瘦，原有的体色消退，通体黯淡失去光彩，皮肤发白、变乌、充血等。

3. 皮肤检查

病症锦鲤由于有充血现象，皮肤出现血红色，体表黏液增多，鳞片部分脱落，鳍叶开裂，有的鳞片竖起，并挂有其他异物。需要进一步仔细观察皮肤上有无红斑、白点及发炎症状，有无寄生虫寄生和损伤情况。

4. 鳃盖检查

轻轻挑起锦鲤鳃盖，看看鳃丝的颜色是否鲜红（健康的鱼鳃鲜红），有无充血、发白或灰绿色、黏液增多现象，有无缺损、糜烂和其他病变，有无寄生虫寄生等。必要时，可剪一尾病鱼的鳃盖骨，用放大镜仔细检查。

5. 肠道检查

观察锦鲤的排便是否有异常现象，例如拖挂、粘连等，再看肛门处是否红肿和流黏液。例如有球虫或黏孢子虫寄生，肠黏膜会呈现散在的或成片的小白点。

如果有病症锦鲤通过一般观察，病情一时还难以确诊，则可以进行抽样解剖，彻底检查后确定。具体方法是：用镊子轻轻掀起病鱼的鳃盖，剪去部分鳃盖露出鳃丝，再用放大镜仔细观察鳃丝的黏液多少，鳃丝有否腐烂。通过解剖观赏鱼的肠子，如发现其肠壁有充血现象或者发炎，就可诊断出观赏鱼患的病是否为细菌性肠炎。抽样解剖鱼体，可以直观地了解到锦鲤群体的患病原因和健康状况，便于采取相应的措施，进行有效的药物治疗。

三、鱼药科学使用技巧

1.准确诊断鱼病

对症用药是提高药物治疗效果的基本的条件，尤其是对一些易混淆的鱼病要认真查清病因，对症用药才能起到药到病除的效果。

2.准确丈量水体、计算出准确的用药量

用药量不足，达不到治疗的预期效果或者根本无效；如果用药过量，则可能会引起鱼类中毒，加重鱼类的病情，形成药害。内服药物的剂量应根据在池吃食鱼的总重量进行计算或者根据日投饲量进行计算。

3.明确鱼类对不同药物的敏感性

为避免药害的形成，用药前首先要搞清楚各种鱼类对药物的敏感性，例如乌鳢对硫酸亚铁较为敏感、无鳞鱼类对敌百虫较为敏感，避免使用不仅治不好鱼病反而会使养殖对象中毒造成死亡。

4.注意药物之间的联合作用

两种或两种以上的药物混合使用时，可能会出现两种截然不同的结果，即拮抗作用，使药效互相抵消而降低效果；协同作用，使

药物相互反应而增强药效。所以，在用药时不能随意的混用药物，若确实需要两种或两种以上药物相互混用，最好在技术人员的指导下进行。

5. 全池泼洒药物时最好先喂食后泼药

施药会引起鱼类食欲下降；此外，最好是在晴天 9—10 时或 16—17 时用药，避免中午阳光直射时用药。因为气温越高，药物挥发就越快，药效持续的时间就越短；阴雨天不宜用药（一些可以释放出氧气的药物除外），因为阴雨天光照太差，用药后容易导致鱼池缺氧。

6. 全池泼洒药物时一定要均匀

对一些难溶有残渣的药物（如漂白粉）一定要过滤掉残渣，以免残渣入池被鱼类误食而中毒形成药害。

7. 全池泼洒药物

应从上风处开始逐渐向下风处泼洒，并且人要站在上风处。这样做可借助风力的作用使药液很快在池水中分布均匀，同时又注意到了用药人的安全。

8. 不定期地更换药物的品种

长期使用同一种药物治疗鱼病，开始效果会很好但是时间长了以后药效往往会削弱，因病原体对药物产生了抵抗力，即耐药性。因此，要不定期地更换药物的品种进行交替使用。

四、锦鲤病害防治的常用药物

锦鲤病害防治通常采取外用药物的办法，目前，比较常用的药物有以下几种。

1. 高锰酸钾

紫黑色菱形结晶体，溶于水。对病鱼可进行药浴，1～2 mg/L 遍洒，可治疗车轮虫、斜管虫病等；50 mg/L 浸洗 5 min，可杀灭车轮虫、斜管虫等；20 mg/L 浸洗 10～20 min，可杀灭口丝虫、三代虫、指环虫，同时，对锦鲤烂鳃病具有很好的防治效果。高锰酸钾是普遍常用的锦鲤养殖用消毒药物。

2. 甲醛

常用外用药，遍洒，用 25 mg/L 左右的浓度对病鱼进行药浴，可杀灭寄生原生动物；100 mg/L 浸洗 1 h，可治疗鱼鲺病、三代虫病、车轮虫病；若与孔雀石绿水溶液合用，可有效治疗小瓜虫病和斜管虫病。

3. 食盐

学名氯化钠，白色结晶，溶于水。价廉物美、用途广泛、极易得到。用其水溶液（浓度一般为 1%～4%）对病鱼进行洗浴，可治疗细菌性烂鳍病、水霉病、竖鳞病、车轮虫病、斜管虫病、口丝虫病等。

4. 蓝矾、胆矾

学名硫酸铜，蓝色结晶体。用其水溶液对病鱼进行药浴或全缸泼洒，可杀死车轮虫、隐鞭虫、口丝虫，与硫酸亚铁合用效果更好。硫酸铜与漂白粉合剂，8～10 mg/L 给病鱼进行药浴，浸洗 25 min 左右，可防治烂鳃病、赤皮病和鳃隐鞭虫、鱼波豆虫、车轮虫、斜管虫等原生动物病。

5. 硫酸亚铁

作为外用药，硫酸亚铁与硫酸铜以 2∶5 的比例混合，使水体呈 0.7 mg/L 的浓度，可治疗鳃隐鞭虫、鱼波豆虫、斜管虫、车轮虫病等；也可用于中华鱼蚤、狭腹鱼蚤等病的防治。

6. 小苏打

加入水中可调节水的酸碱度；用其水溶液给观赏鱼进行水浴，可促进鱼新陈代谢，有利于鱼体健康。也是驱虫及抗真菌的辅助用药，以 0.2% 浓度给病鱼进行药浴，很快就能驱除锦鲤体外寄生虫。与氯化钠以 1∶1 的比例合用，全池泼洒，可治疗水霉病。

7. 硫代硫酸钠

加入自来水中，可去除其中的氯离子，是饲养锦鲤不可缺少的水质处理药品。

8. 漂白粉

白色粉末，对病毒、细菌、真菌均有不同程度的杀灭作用，可防治细菌性腐皮病、烂鳍病等。

9. 青霉素

为抗生素类药。当被运输的锦鲤体表受伤时，为防止致病菌的感染，可给鱼进行药浴，每立方米水体中用青霉素 400～800 单位。

用于治疗锦鲤鱼病的常用药物还有亚甲基蓝、磺胺类药物、硫酸镁、庆大霉素、盐酸土霉素、亚砷隐汞、红汞等。

五、锦鲤常见病及其防治

一年当中，由于四季间气候和水温的差异，锦鲤发生的病害也不尽相同。春季，随着水温的逐渐回升，病害较多。通常水温在12～20℃时适宜各种病原体生长。主要常见的寄生虫病有小瓜虫、斜管虫、车轮虫、三代虫、指环虫、黏孢子虫等；细菌病有烂鳃病、水霉病、白头白嘴病、烂尾病、肠炎、打印病等；病毒病有鲤春病毒病（SVC）、锦鲤疱疹病毒病（KHV）、浮肿病。春季是繁殖季节，繁殖期间，鱼卵容易得水霉病。到了夏季，水温在26～30℃，此时鱼病较少，寄生虫病中锚头鳋、鱼绳病较为普遍，烂鳃病、出血病、打印病等时有发生。由于夏季的水温高，水体的溶氧量较低，投喂量通常会大些，比较容易发生缺氧现象。到了秋季，随着气温的逐渐下降，水温在12～20℃，水温的情况基本与春季相似，鱼病情况与春季基本相同。冬季水温较低，通常在3～10℃，在这种水温下，一般较少发生鱼病，冬季的鱼病主要有斜管虫病、水霉病、烂鳃病、烂尾病、出血病、锦鲤疱疹病毒病（KHV）。北方的越冬锦鲤在冰下容易缺氧，需注意充氧。

1. 小瓜虫病

小瓜虫病俗称白点病。是一种肉眼能看见的比较大的原生动物纤毛虫多子小瓜虫引起的疾病。寄生在锦鲤的皮肤、鳍条和鳃组织里以剥取锦鲤的上皮细胞和血细胞为生，形成胞囊呈白色小点状，肉眼可见。严重时全身皮肤和鳍条满布白色的胞囊，故称为白点病。小瓜虫病的流行有较明显的季节性，一般发生在15～25℃的春秋两季，可造成大批鱼死亡，其致死率可达60%～70%，甚至100%。当水温降到10℃以下或上升到26～28℃时，虫体发育停止，28℃以上幼虫即可死亡。这种病通常在养殖过密、营养不佳、应激或其他环境条件引起的过强应激反应的情况下容易发生此病。

防治方法：渔用工具使用时要进行消毒处理，用 5% 食盐水浸泡 1～2 d，以杀灭小瓜虫及其胞囊，并用清水冲洗后使用。

全池泼洒亚甲基蓝溶液达到 2 mg/L，隔两天用药 1 次，痊愈为止。

发病鱼塘，每亩水面每米水深用辣椒粉 250 g、姜粉 100 g，煎成 25 kg 溶液，全池泼洒，每天 1 次，连泼 2 d；小水体可连续 3 d 提升水温至 28～30℃ 的升温法治疗；注意不能用硫酸铜和硫酸亚铁合剂治疗小瓜虫病，使用该药不但对小瓜虫杀灭无效，反而会促进小瓜虫形成胞囊大量进行繁殖，使病情更加恶化。

2. 斜管虫病

病原是鲤斜管虫。幼苗期主要是损害皮肤和鳍条，成鱼则除侵害皮肤外，同时还大量侵袭鳃、口腔黏膜和鼻孔，当鱼体和鳃丝部受刺激时，会分泌大量黏液，将各鳃小片黏合起来，束缚鳃丝的正常活动，使鱼呼吸困难。分泌的大量黏液会使锦鲤的皮肤表面形成苍白色或淡蓝色的黏液层，严重时鱼体消瘦变黑，漂游水面，或停浮在鱼池的下风处而死亡。死亡的病鱼体表黏液较多，鳃丝淡红色，鳃丝肥厚。斜管虫适宜繁殖的温度是 12～18℃，当水温低至 8～11℃ 时仍可大量出现，而水温 28℃ 以上此病不易发生。

防治方法：每亩鱼塘用生石灰 150 kg 彻底清塘消毒；苗种放养入池前，用浓度为 8 mg/L 硫酸铜溶液浸洗 20～30 min；用硫酸铜与硫酸亚铁合剂（5：2）0.7 mg/L 全池泼洒，隔 3 d 施用 1 次；高锰酸钾在水温 10～20℃ 时浸泡 20～30 min，隔日重复 1 次。

3. 车轮虫病

病原是车轮虫属的显著车轮虫、东方车轮虫、卵形车轮虫、眉溪小车轮虫。主要寄生在鱼的体表、鳍条、口腔和鼻腔及腮丝上。病鱼鳃丝分泌黏液多，将鳃丝彼此包裹起来，致使鱼呼吸困难，鱼体黑色，体外黏液增多，好像罩了一层白雾，如不及时治疗，不久就会死亡。特别危害 20 cm 以内的当岁鱼，通常车轮虫病会与斜管虫病并发而严重危害锦鲤鱼苗的生存。车轮虫病的高发期是春末夏初之际，地点通常是鱼苗的密度较大的池（塘）较容易发病。

防治方法：转池前用 8 mg/L 硫酸铜浸泡 20～30 min；治疗使用溴氰菊酯 0.1 mg/L 全池泼洒；治疗使用硫酸铜和硫酸亚铁合剂全池（缸）泼洒，用 0.5 mg/L 硫酸铜 +0.2 mg/L 硫酸亚铁，可有效地杀灭体表和鳃上的车轮虫。

4. 三代虫病

病原是秀丽三代虫。寄生在鱼体的皮肤和鳃上，其形状、大小和指环虫相似，虫体的后端有 1 个固着盘，盘上有 1 对大锚钩和 8 对小钩，借此固着在鱼鳃和体表上。三代虫是胎生生殖。成虫体中部可以看见 1 个椭圆形的胎儿，而在这胎儿体内，又开始孕育下一代的胎儿，故名"三代虫"。三代虫的最适繁殖水温为 20℃左右。三代虫的胎儿从母体产出以后就具有成虫的特征，它在水中漂浮，遇到鱼后，附在鱼体上营寄生生活。以鱼的黏液、组织细胞和血液为营养。鱼体大量寄生三代虫后，黏液增多，食欲减退，鱼体消瘦，呼吸困难，逐渐死亡。每年的春季和初夏危害饲养的幼鱼。

防治方法：用 0.5 mg/L 的晶体敌百虫（90%）全池泼洒；用 0.1～0.4 mg/L 的晶体敌百虫面碱合剂（比例为 1：0.6）全池泼洒；用 1～2 mg/L 敌百虫粉剂（2.5%）全池泼洒；或用 0.04% 的福尔马林液浸泡病鱼 25～30 min；或用 20 mg/L 的高锰酸钾溶液浸洗病鱼，水温 10～25℃，浸洗 5～30 min。

5. 指环虫病

病原是指环虫，有多种。指环虫用锚钩和小钩钩住锦鲤的鳃组织并不断运动，破坏了鳃丝的表皮细胞，刺激鳃细胞分泌过多的黏液，妨碍鱼的呼吸。病鱼体色变黑，身体瘦弱，游动缓慢，食欲减退，鳃部显著浮肿，黏液增加，鳃丝张开并呈灰暗色，离群独游，逐步瘦弱死亡。流行季节为夏秋两季。

防治方法：预防用 20 mg/L 高锰酸甲液浸泡 15～30 min；或用 1 mg/L 的晶体敌百虫（90%）溶液浸泡 20～30 min；用 1～2 mg/L 敌百虫粉剂（2.5%）全池泼洒；用 0.2～0.4 mg/L 的晶体敌百虫（90%）全池泼洒严重的间隔 1 d 后重复一次。

6. 黏孢子虫病

病原是黏孢子虫、微孢子虫、碘孢子虫，由其寄生所引起的。因种类不同，一般在体表、皮下、鳃、肌肉处形成大小不一的胞囊，使鱼体变黑变瘦，游动无力；虫体寄生在鳃上，在鳃部肉眼可见许多白色胞囊，会破坏鳃组织，影响锦鲤的呼吸，同时也会使鳃盖骨鼓起，形成畸形。本病对鱼苗危害较大。

防治方法：用苯扎溴铵溶液治疗，每 1 m^3 水体施用 0.1～0.15 g（以有效成分计），每隔 2～3 d 用 1 次，连用 2～3 次；预防15 d 用 1 次（剂量同治疗量），或用 1 mg/L 的晶体敌百虫（90%）全池泼洒多次，每 14 d 重复，执行 3 个月。

7. 鱼鲺病

鱼鲺寄生在锦鲤的体表和鳃上，用大颚撕破表皮，吸食鱼的血液，造成许多伤口，引发其他病菌侵入，从而引发其他鱼病；同时，鱼鲺在刺伤鱼体时将分泌的毒素带入鱼体，引起伤口内部组织溃烂，并刺激病鱼在水中极度不安，急剧狂游和跳跃，食欲减退，鱼体消瘦，造成死亡。

防治方法：鱼池清塘时每亩用生石灰 100 kg、茶饼 25 kg 能杀灭水中的鱼鲺的成虫、幼虫和卵块；或用 0.3～0.5 mg/L 的晶体敌百虫（90%）全池泼洒，间隔两周 1 次，连续 2～3 次；或用 1～2 mg/L 敌百虫粉剂（2.5%）全池泼洒；或用 4～5 根鲜蒿筒根或杆扎成束，每亩 7～9 束，浸出的汁液可治疗鱼鲺病；或用 3% 的氯化钠（食盐）溶液浸泡鱼体 15 min（20℃时），鱼鲺最怕盐水，一遇盐水立即离开鱼体表。

8. 锚头蚤病

病原为鲤锚头蚤。是一种常见病，分布广泛，一般情况下不致引起鱼类死亡，但在密集养殖的鱼池中容易大量繁生。锚头蚤钻入鱼体的部位，鳞片破裂，皮肤肌肉组织发炎红肿，组织坏死，水霉菌侵入丛生。锦鲤感染后，游动迟缓，食欲减退，继而体质逐渐消瘦。

防治方法：鱼池清塘每亩用生石灰 100 kg、茶饼 25 kg 带水消毒，能杀灭水中锚头蚤成虫、幼虫和卵块；或用 0.5 mg/L 的晶体敌百虫（90%）全池泼洒，间隔两周 1 次，连续 2～3 次；在水温 15～20℃用 20 mg/L、水温 21～30℃用 10 mg/L 高锰酸甲液浸泡 1.5～2 h，每天 1 次，连续 3 d，可杀死锚头蚤及其幼虫。

9. 鳃病

即原生动物、黏孢子虫、指环虫和中华蚤等寄生虫引起的各种鳃病。由于寄生原生动物的大量繁殖，刺激鱼鳃产生大量黏液，使锦鲤呼吸困难，因此浮头时间较长，严重时体色发黑，离群独游，漂浮水面。黏孢子虫引起的鳃病一般在鳃的表皮组织里有许多白色的点状或块状胞囊，肉眼容易看到。指环虫引起的鳃病显著浮肿，鳃盖微张开，黏液增多，鳃丝呈暗灰色，镜检可见长形虫体蠕动。中华蚤引起的鳃病，鳃丝末端肿大发白，寄生许多虫体，并挂有蛆状虫体，故有"鳃蛆病"之称。

寄生虫引起的烂鳃病的防治：用强效杀虫灵或菌虫杀手泼洒，其浓度为 0.01～0.02 mg/L；或内服渔经虫克，连喂 2 次，每 50 kg 饲料配药 200 g；或用复方增效敌百虫每亩 150 g 泼洒。

10. 水霉病

俗称白毛病、肤霉病。病原为水霉菌。最初寄生时，一般看不出病鱼有何异常症状，当看到病症时，菌丝体已侵入鱼体伤口，向外生长，病变部位长出大量的棉絮状菌丝，像一团团的白毛。有时因寄生虫、细菌等病原体感染造成原发病灶溃烂，霉菌孢子便从鱼体溃烂处侵入，吸取皮肤里的营养成分，在受伤病灶处迅速繁殖、蔓延、扩展，逐步长出棉毛状的菌丝。菌丝与伤口的细胞组织缠结黏附，使皮肤溃烂、组织坏死，同时随着病灶面积的扩大，鱼体游动失常、食欲减退、鱼体消瘦，最终病鱼因体力衰竭而死亡。此病一般发生在 20℃ 以下的低水温环境，在早春、晚冬易流行。水霉菌对寄主无严格选择性，从鱼卵到成鱼均容易被感染。密养越冬池中的鱼、春季清瘦水体的鱼或处于饥饿状态下的鱼最易患水霉病。如果拉网捕捞操作不当，也会引起水霉病的暴发。

由真菌引起的鳃霉病，病鱼鳃部呈苍白色，有时有点状充血或出血现象。此病常使鱼暴发性地死亡，镜检会发现鳃霉菌丝。

防治方法：在捞取锦鲤入池或其他操作过程中，要尽量仔细，减少鱼体受伤的几率，尽量避免在水温 15℃ 以下的条件下处理鱼，以免鱼体冻伤或擦伤。入池前用 3%～5% 的食盐水溶液浸泡鱼 8～10 min，或用 0.4～0.5 mg/L 食盐与小苏打合剂（1∶1）全池泼洒，或全池泼洒 0.4～0.5 mg/L 亚甲基蓝，隔 2 d 再用 1 次，5 d 后用 0.2～0.3 mg/L 海因类药物泼洒 1 次，或每千克体重肌肉注射链霉素 15 mg。

11. 烂鳃病

由鱼害黏球菌引起的细菌性烂鳃病，发病时鳃丝呈粉红色或苍白，鳃丝腐烂末端软骨外露，继而组织破坏黏液增多，带有污泥；严重时鳃盖骨的内表皮充血，中间部分的表皮亦腐蚀成略呈圆形的透明区，俗称"开天窗"，软骨外露；由于鳃丝组织被破坏造成病鱼呼吸困难，常游近水表呈浮头状，病情严重的鱼在换清水后仍有浮头现象。在该病的流行季节，病鱼在水中不断散布病原菌，鱼体与病原菌接触而发病，鳃部受损的特别容易受到感染。饲养密度过大、水质较差的环境容易发生该病。细菌性烂鳃病一般是在水温 20℃左右开始，春末到秋季是流行盛期。在发病期间，饲养水温越高致死的时间越短，当水温下降到 15℃时病鱼逐渐减少。

防治方法：在饲养水体中泼洒利凡诺，使水体中药物的浓度达到 1～1.5 mg/L；用 2 mg/L 的红霉素浸泡鱼体 15 min。用三氯异氰尿酸（含有效氯 85%）泼洒，使饲养水体中药物的浓度达到 0.4～0.5 mg/L；或将大黄捣碎，用大黄 20 倍量的 0.3% 氨水浸泡过夜，提高药效后连水带渣泼洒，使水体中药物的浓度达到 2.5～3.7 mg/L；或将五倍子磨碎后用沸水浸泡，泼洒在饲养水体中，使水体中药物的浓度达到 2～4 mg/L；或将富氯海因或二溴海因 0.3 mg/L 全池泼洒，重症隔日再用 1 次，同时配合用鱼复宁、大蒜素、鱼血停按 0.2% 的比例拌饲投喂 3～6 d；或 0.25 mg/L 超碘季胺类药物全池泼洒；或 1 mg/L 漂白粉全池泼洒；或用 5‰ 的食盐水配合 20 mg/L 红霉素浸泡；或 1 mg/L 聚维酮碘全池泼洒。

12. 白头白嘴病

病原是黏细菌。白头白嘴病也有因车轮虫大量侵袭而引起。病鱼活动缓慢，体色稍黑，头顶上和嘴周围发白。在病灶部位取组织制片放在显微镜下检查，可以看到成丛寄生的黏细菌不停摆动。病鱼的额部和嘴周围皮肤的色素消失，呈现白色。这种症状，病鱼在水中游动时观察得最清楚，所以叫"白头白嘴病"。病情严重时，头部和嘴周围发生溃烂，有的鱼头部会出现充血的现象。病鱼体瘦发黑，成群地浮游靠岸边，不久便出现大量死亡。通常该病的流行期在每年的4—7月。鱼苗下池1个星期左右就容易发生此病。鱼苗下池后饲养一段时间（15～20 d），如不及时分池，容易发生此病。

防治方法：彻底清塘消毒，不投放未经发酵的肥料；鱼苗发花饲养的密度要适中，及时分池饲养，保证鱼苗有充足适口的饵料。

治疗用3～5 mg/L 的二氧化氯全池泼洒，连续2 d；或用1 mg/L 的漂白粉全池泼洒；或用2～4 mg/L 浓度的五倍子捣烂，用热水浸泡，连渣带汁全池泼洒；或每亩用生石灰15～20 kg 和水调匀，全池泼洒；发病鱼池，泼洒0.25 mg/L"强氯精"，1 d 1 次，连泼2 d。

13. 烂尾病

病原为多种气单胞菌。尾鳍受伤后经皮肤感染得病。患病初期，鳍的外缘和尾柄处有黄色或黄白色的黏性物质，然后尾鳍及尾柄处充血、发炎和糜烂严重时尾鳍烂掉，在水中游动常头部朝下，溃疡处肌肉出血、溃烂、骨骼外露，甚至死亡。在春秋季水温低时，还会继发水霉感染。

防治方法：注意水质控制，保持高溶氧，清除过多污物，防止鱼体机械受伤，尽量消灭寄生虫，以减少致病菌感染；发病初期可用 3%～5% 食盐水浸浴 10～15 min 连续 3 d；派拉西林或他唑巴坦（2.25 g）用 0.7% 生理盐水稀释到 300 mL，胸鳍下体腔注射 2 mL，然后酒精涂抹患处后搽干外敷红霉素软膏，每天 1 次，连续处理 3 d。体重小于 100 g 置聚维酮碘 5 mg/L 浓度浸泡 10 min，再用酒精涂抹患处后外敷红霉素软膏，连续 3 d。

14. 竖鳞病

竖鳞病是一种主要流行于静水鱼池的疾病。主要危害锦鲤及其他鲤科鱼类，发病后能导致病鱼大批死亡。病鱼体表粗糙，部分或全部鳞片竖起似松果状；鳞基水肿，其内部积存着半透明或含血的渗出液，在鳞片上稍加压力会有液体从鳞基喷射出来；有的病鱼伴有鳍基充血、皮肤轻度充血、眼球外突等症状；病鱼离群缓游，严重时呼吸困难，反应迟钝，浮于水面，重则死亡。该病由水型点状假单胞菌感染引起，为条件致病菌，当水质污浊、鱼体受伤时经皮肤感染。有人认为此病是细菌感染所致，但另一个重要原因是饲育不当引起鱼的循环系统和消化吸收功能异常而产生的。

每年秋末及春季水温较低时是该病的流行季节，水温 17～22℃是流行盛期，有时也会在越冬后期发生。主要危害个体较大的锦鲤。

防治方法：加强锦鲤越冬前的育肥工作，合理投喂。水温低于 20℃时要投喂低水温饲料或胚芽饲料，停止高蛋白的育成饲料投喂，将锦鲤消化系统的负担减到最低以平安过冬。早春水温回升后，投喂水蚤、水蚯蚓等活饵料，增强鱼体抵抗力，能有效预防此病发生。对于局部竖鳞的锦鲤，可以先人工把竖鳞部位的脓水挤干净并擦干患处，用高浓度高锰酸钾对伤口进行消毒处理，然后用阿米卡星针剂进行注射，剂量控制在每 10 cm 鱼长注射 0.1 mL。用 2% 浓度的食盐溶液浸洗鱼体 5～15 min，具体时间根据鱼的抵抗力而定。浸泡时人不能离开，鱼一旦侧翻马上捞起放到清水里。每天1次，连续浸洗3～5次。

15. 穿孔病

病原为柱状曲桡杆菌和气单胞菌。游动的鱼体上可见发红或溃烂而呈灰白色的病灶；发生的部位可在胸部、腹部的两侧也可在头后背侧、鳍条基部等处，但以躯体两侧最为多见，病鱼身上少则有1～2处病灶，多的可达7～8处；发病初期体表出现黄豆大小的红斑，随着红斑逐渐扩大，红斑处皮肤红肿、鳞片松动、基部充血；严重的表皮糜烂，鳞片脱落，露出充血或出血的真皮，真皮坏死溃烂后露出肌肉，肌肉溃烂后留下坑状溃疡，溃疡的大小、深浅不同，小的（0.2～0.3）cm×（0.2～0.5）cm，大的可达（2～5）cm×（2～6）cm，浅的溃疡深度仅0.1 cm左右，深的可达0.6 cm；因溃疡灶内组织坏死程度不同，溃疡呈高低不平状，溃疡的形状有椭圆形、类圆形或不规则形，其边缘不整齐，灶内有不规则的出血区，一些陈旧性溃疡灶内有水霉菌寄生；溃疡周围的组织充血发红、肿胀、鳞片竖起，已经形成溃疡的最后多向穿孔发展，肌肉彻底坏死烂掉，穿通体壁形成穿孔，暴露出体腔和内脏，水涌入体腔引起病鱼死亡；穿孔的形状多为类圆形，小穿孔直径1～2 cm，大的2～4 cm，穿孔处可见残留的骨刺，发生在尾部的溃疡则溃烂至露出骨骼；有的病鱼可见眼球突出，体表变化比较严重，可见肝、脾、肾等内脏器官充血、肿胀、质地脆弱，鳃丝及肠黏膜上附有较多的黏液。本病流行时间较长，春、夏和秋季都可发生，水温在25℃以下时多发。发病的锦鲤在没有形成穿孔前，程度较轻的有些可自愈或经治疗治愈，一旦穿孔不是死亡就是丧失价值。

防治方法：预防时可在鱼种投放网箱或放养池塘之前，用10 mg/L的漂白粉或20 mg/L的高锰酸钾浸洗10～15 min消毒鱼体，保持水质"新、清、活、肥"，操作过程中尽量避免损伤鱼体。药物治疗时可用内服药物，用恶喹酸拌饵料投喂，按鱼体重 10～30 mg/kg 用药标准，连用 5～7 d 为 1 疗程；体外消毒，用漂白粉 1 mg/L 遍洒全池，连用 3 d；或用三氯异氰尿酸 0.2～0.5 mg/L 遍洒全池，连用 2 d。浸洗药物用 3% 浓度的食盐浸洗 5～10 min，再用高锰酸钾 20 mg/L 浸洗 10～15 min。用二氧化氯 20～40 mg/L 浸浴 5～10 min。治疗体型较大的锦鲤可采用腹腔注射卡那霉素，按照一次用量 1 000 IU/kg。

16. 疖疮病

病原主要是疖疮型点状气单胞菌。病鱼在皮下肌肉内形成硬胞样的感染病灶，鱼体背部皮肤及肌肉组织发炎，出现脓疮并红肿隆起，里面充满脓汁，触摸时有柔软浮肿感觉。成鱼易患此病。

防治方法：用五倍子煮汁全池泼洒，浓度达到 4～5 mg/L，连用 6 d；或用青霉素 4 万～8 万 IU/L 浓度浸浴 10～20 min，连用 5 d；或每千克鱼用磺胺间甲氧嘧啶 60 mg 拌饲投喂。患病大鱼可用肌肉注射硫酸链霉素，每千克鱼用药 20 mg，3 d 再用 1 次。

17. 鲤春病毒血症

病原是鲤春病毒，是锦鲤饲养中的常见疾病，症状主要为体黑眼突，皮下出血，覆膜发炎，腹水增多，出血性肠炎，肛门红肿，腹胀，内脏水肿。只在春季气候逐渐变暖和时流行（水温 13～20℃）。主要危害 1 岁龄以上的锦鲤，鱼苗和种鱼很少感染。多发于露天的饲养池，室内鱼缸中饲养的，因水温变化不太剧烈，发病较少。在自然界中冷水期，此病呈现慢性，在春季水温回暖后则呈急性，死亡率较高。

防治方法：主要是在冬季末期注意清理水池的沉积物，加强水源的消毒工作，定期换水以防止水质的剧烈变化。聚维酮碘（有效碘 1%）全池泼洒，达到浓度 0.5 mg/L，隔日 1 次，连用 3~5 d；或聚维酮碘浸浴，用药浓度 30 mg/L，隔日 1 次，15~20 min。

18. 锦鲤疱疹病毒病（KHV）

是一种对锦鲤高度传染的病毒性疾病。可使感染鱼群 80%~100% 死亡。22~27℃，锦鲤更易受到 KHV 的感染。KHV 可感染不同年龄段的鱼，交叉感染表明幼鱼比成鱼更易感染 KHV。症状可能包括鳃部出现红色和白色的斑块，鳃部出血，眼球凹陷，皮肤上出现白斑或水疱。鳃部镜检会发现大量的微生物和寄生虫。在鱼体体内的症状并不具有一致性，但通常会出现体腔粘连或是在内脏器官上出现斑状。目前还没有对 KHV 的有效治疗方法。对养殖锦鲤的抗病毒药物也没有销售。研究表明，当水温升到 30℃时，鱼本身会对病毒产生自然抗性。然而，升高水温只是提高存活率，并且会导致一些致病菌和寄生虫的繁殖。另外，升高水温也会使一些本来健康的鱼感染 KHV。目前还没有 KHV 疫苗，但通过腹腔注射减毒的 KHV 病毒可使鱼产生高的 KHV 抗体，从而获得对 KHV 的免疫，在 KHV 暴发时有更大的存活机率。由于 KHV 会对锦鲤养殖造成毁灭性的打击，并且康复的鱼也可能携带病毒。因此，对于已经诊断出 KHV 的锦鲤以及同池的鱼都应该进行无害化处理。同时对渔池水体和各种设施进行消毒。

防治方法：一些常用的消毒手段可以有效的消灭水体中的病毒。在消毒前应将设备进行清理，取出杂质和有机物。含有氯离子的消毒剂可以用来对没有养育的池塘进行消毒，一般推荐用 200 mg/L 处理 1 h。

19. 鲤浮肿病（Koi sleepy disease，KSD）

是由鲤浮肿病毒引起鲤科鱼类死亡的病毒性传染病，又称锦鲤睡眠病，一般危害当岁的鱼，是鲤鱼和锦鲤的一种重要急性传染病，发病的鱼死亡率可达 80%～100%。患病鱼表现为呈昏睡状或聚集在水面下或躺在鱼池底部，严重时侧翻甚至肚皮朝上；皮肤和鳍失去原有光泽，颜色暗淡，体表出现一层灰白色的翳状物；鳍条间粘连，不能舒展；病鱼没精神，食欲下降，并在随后的 2 周内死亡。在春、秋季温度多变时易发病，夏季雨后也易发此病。主要症状为身体浮肿、眼球内陷、鳃肿胀增生、尾鳍充血和肛门红肿，此外，鱼体分泌的黏液很容易被擦掉，从而露出粗糙的鳞片，解剖可见肾脏糜烂、肠道质地变脆，有的病鱼上浮、聚堆游边，鱼种阶段有时出现全身浮肿，低温期体表和鳃黏液增多，多数病鱼鳃丝局部严重溃烂，个别鱼体表出血，内脏器官出血。发病温度一般为 7～27℃。24℃条件下感染鲤鱼在第 3 d 出现嗜睡症状，第 5 d 大多数鲤鱼即出现典型的临床症状。第 6 d 开始出现死亡，第 8 至第 10 d 出现死亡高峰，12 d 内死亡率达 100%。目前对于 CEV 的感染没有有效的治疗方法，因此使用分子生物学手段对鱼种进行 CEV 检测，及时发现 CEV 携带并切断其传播至关重要。由于 CEV 对环境的耐受性较高，在水中扩散能力较强，稍有不慎，即可对养殖池及周边水域造成发病风险。

防治方法：转池操作尽量保持水温一致。将鱼种从温度较高的水体放入温度较低的水体时，容易造成该病的急性暴发，可能与鱼体应激导致免疫力降低有关。有条件的养殖池可用升高水温的方法进行应急治疗。在 28℃条件下，感染鲤鱼 5 d 后出现轻微的症状，14 d 内死亡率为 27%，表明温度是影响 CEV 感染发病和死亡率的重要因素，水温的升高可有效降低患病鱼的死亡率。盐浴对睡眠症有特效，但一定要治疗及时，否则就算治愈也会失去观赏价值。盐浴时将水温恒定，用 0.7% 的食盐溶液浸泡病鱼，增加光照，以促其渐渐恢复健康。

一旦发生病害，要将病死鱼作无害化处理。做好发病池的隔离。对发病鱼池使用的器械等进行彻底消毒，禁止将池水排放入公共水域，防止病原向周边传播蔓延。

20. 鲤鱼痘疮病

病原为疱疹病毒。患病初期，鱼的躯干、头部及鳍上出现乳白色斑点，以后这些斑点逐渐变厚增大，严重时融合为一片，色泽由乳白色变为石蜡状，略呈淡红或灰白当蔓延至鱼体大部分时，就严重影响鱼的正常生长发育。该病流行于秋末至春初的低温季节及密养池，当水温升高后，对病情有抑制。

防治方法：严格执行检疫制度，不从患有痘疮病渔场进鱼种，不用患过病的亲鲤繁殖苗种；预防办法是将 0.5 kg 大黄研成粉末，用开水浸泡 12 h 后，与 100 kg 饵料混合制成药饵，给越冬锦鲤投喂 5～10 d：治疗时应在投喂大黄药饵的同时，全池遍洒浓度为 4 mg/L 的渔用病毒灵。

第七章 高唐锦鲤特色生产技术

一、锦鲤无水挂卵孵化技术

锦鲤因其色彩艳丽多姿，花纹独特千变万化，体型健美，泳姿娇美而深得消费者喜爱，被誉为"观赏鱼之王"，更有"水中活宝石"之称。近年来，我国锦鲤产业蓬勃发展，品种繁多，亮点纷呈，档次渐高，南方拥有"中国锦鲤之乡"江门，北方有"中国锦鲤第一县"高唐。锦鲤良种的选育培育亟待加强与提高，是从根本上解决锦鲤品质低劣，效益低、产业健康发展滞后等问题的关键。在锦鲤鱼卵的传统孵化过程中，鱼卵全部浸泡在水里，受水体流动交换不畅和溶氧不稳定等因素影响，鱼卵水霉病多发、高发，严重影响鱼卵孵化成活率和幼苗的品质。应用锦鲤无水挂卵孵化装置进行鱼卵孵化，根据试验成果可提高鱼卵孵化成活率比传统方法提高15%～20%，从而达到提升锦鲤幼苗品质的目的。

1.无水挂卵装置原理及设计

孵化装置上部整体为长方体型空腔，长方体型空腔分为高度比例为5∶1的地上部分与地下部分，地下部分连通有锥形底面，在锥形底面的锥底处设置有电动阀门的排水孔；长方体型空腔的宽边处，对称设置有门；长方体空腔的长边，两相对侧面上对应设置有固定孔，其上固定鱼卵托架；长方体空腔的长边，两相对面的顶端设置有旋转淋水喷头；长方体型空腔地下部分的下缘处与上缘处分别设置有温控管道。整个装置内壁为砖砌混凝土光面。

2. 锦鲤受精卵的孵化

亲鱼在人工授精区完成受精后，将受精卵置入恒温沸腾池内后放入挂卵架使鱼卵均匀地附着在挂卵架上，附着完的鱼卵挂卵架放置在无水挂卵仓设备里，开启仓体内湿度及温度控制设备，4～5 d内鱼卵在空气中孵化，出苗后进入仔鱼槽并在槽内完成收集程序。

3. 锦鲤无水挂卵孵化装置及应用效果分析

锦鲤无水挂卵孵化装置为封闭式结构，便于对孵化装置内的温湿度控制。在孵化装置上设置对称的两扇门，便于工作人员操作与孵化装置内的通风；处于地下部分的空腔，收集喷淋水后，利用水的温度相对稳定的特点，能辅助控制孵化装置内的温湿度；孵化装置内壁砖砌混凝土光面，便于淋水流下以及便于对孵化装置的清洁；锥形底面的设置能够便于将淋水集结，以及在放水时充分放净。利用鱼卵托架与喷淋水结合的方式来孵化鱼卵，完全避免了鱼卵全部浸泡在水里，受水体流动交换不畅和溶氧不稳定等因素对鱼卵孵化的影响。

二、盐碱地池塘养殖技术

高唐县位于山东省西北部的聊城市，是山东省硫酸盐盐碱地主要分布区之一（另有夏津、临清、武城等县市），境内盐碱地面积约 11 万亩。这些盐碱地大多数地势较低，有机质含量少，土壤肥力低，理化性状差，对作物有害的阴、阳离子多，作物不易成活，土地产出率和综合效益低，长期以来，几乎荒芜废弃，成了"夏天水汪汪，冬天白茫茫"的"不毛之地"。

盐碱地池塘锦鲤养殖模式可合理利用盐碱地地势较洼、挖塘抬田易行的特点，因此，以当地特色品种且适宜盐碱水养殖的锦鲤为主，成为产量稳定、优质高效、资源充分利用、环境友好的生态绿色生产模式。近年来，高唐县畜牧水产事业中心深入调研、广泛发动，指导山东多彩渔业科技有限公司开发利用盐碱地土地资源，开展盐碱地池塘养殖锦鲤试验示范。通过建池抬田养殖锦鲤，能够防止土壤返碱返盐，实现渔农结合高效利用。

2019 年开始，高唐县畜牧水产事业中心培植骨干企业、选择适宜进行水产养殖的盐碱地块，挖塘抬田、开渠修路，掀起了一波波盐碱地开发热潮。截至目前，全县开发利用盐碱地近 2 万亩，盐碱地水产养殖面积 1.08 万亩，占全县水产养殖总面积（1.2 万亩）的 90% 以上。山东多彩渔业科技有限公司（以下简称多彩公司）被确定为盐碱地池塘养殖锦鲤的示范点，位于高唐县杨屯镇小林村北段路东。示范点盐碱地面积 51.99 亩，通过抬田造池综合开发，共建设室外水泥池 14 个，1 500 m² 阳光温室 1 座，室内水泥池 25 个，室外土塘 12 个，养殖水体面积 32 亩。

在详细勘察拟开发盐碱地块的区位、水土特征及水电路状况后，结合水产养殖，特别是锦鲤养殖特点，确定了"63131"盐碱地开发建设模式，即按照盐碱地块 6 成面积的比例挖塘养鱼，3 成面积的比例抬田造地，1 成面积的比例作为路渠场房，按照 3∶1 的比例搭配土塘和水泥池塘的建设。

1.品种选择

"高唐锦鲤"以白如瓷、墨似漆、红胜火、黄若金的独特色泽和体态丰盈、泳姿娇美的绝佳观感等典型特征，获得国家地理标志认证，是高唐县特色渔业的代表品种。"高唐锦鲤"喜欢生活在微碱性的水中，较适合的 pH 值为 7.2～7.5。因此，利用盐碱地开发鱼塘养殖锦鲤是比较适宜的产业模式。盐碱地池塘养殖的主要品种首选"驼背龙"牌高唐锦鲤。该品种是全省唯一"省级锦鲤良种场"选育品种。孵化成活率提高 15%～20%，幼鱼培育成活率达 90% 以上，花色组成及花纹分布均匀率达到 99%，性状特征持续稳定在 97% 以上。

2. 锦鲤苗种培育

（1）池塘清整、消毒、注水。包括晒底、清淤、消毒、过滤进水、水质培养等。干塘消毒使用生石灰，用量为 0.225 kg/m²。消毒 2～3 d 后，经过有效过滤，加注新水 70～100 cm。

（2）水质培肥压碱。鱼苗下塘时水深控制在 50 cm，随后逐渐加深至 100 cm，平衡降低碱度。重点采取"幼鱼开口活饵培养控制技术"进行培肥育饵，控制并稳定轮虫峰值 20～22 d。

（3）鱼苗放养及密度。锦鲤鱼苗下塘时温差不超过 ±2℃；苗种培育期间，根据鱼体生长情况，在每次挑选时调整合适的放养密度，见表 6。

表 6 锦鲤放养规格与密度关系

放养规格	初孵仔鱼	2～3 cm 鱼苗	4～5 cm 鱼苗	6～7 cm 鱼苗
水泥池（尾 /m²）	200～240	150～180	100～120	20～30
池塘（尾 / 亩）	130 000～150 000	12 000～15 000	60 000～80 000	1 500～2 000

（4）投喂技术。根据气候的变化和实际情况进行投喂次数，每天投喂量约占苗种重量的 5%，以 5～8 min 吃完为宜。

鱼苗下塘前投喂熟鸡蛋黄，每 10 万尾鱼苗投喂 1 个蛋黄。鱼苗入池 15 d 内泼喂豆浆，鱼苗入池 15～20 d 时搭配投喂粒径为 0.5 mm 的破碎配合颗粒饲料。鱼苗投放 20 d 后可直接投喂直径为 0.5 mm 的配合颗粒饲料，随着鱼苗的长大，调整配合颗粒饲料的粒径。每天上午、中午、下午各喂 1 次。日投喂量为鱼体重的 8%～10%。

（5）日常管理。坚持巡池，观察水质变化、苗种的摄食和活动。保持池水肥、活、嫩、爽，养殖过程中的操作要细、轻、慢，在高温季节，搭建遮阳网。

（6）苗种挑选。按照《锦鲤分类 红白类》（SC/T 5703—2014）、《锦鲤分类 白底三色》（SC/T 5707—2017）、《锦鲤分类 墨底三色》（SC/T 5708—2017）规定进行不同品种的锦鲤分级。其中三选环节的工作，指定专人完成。

3. 锦鲤成鱼养殖

（1）池塘清整、消毒、注水。放养前 7～10 d 对池塘底、坡等进行必要的整理、维护。干塘消毒使用生石灰 0.225 kg/m^2。鱼苗下池前 3～5 d，池内加注新水 50～70 cm，进水口 80 目筛绢滤网过滤，拉空水网 1～2 次。

（2）生产工具消毒。用 3% 食盐水溶液浸浴 5～8 min，或 5～10 mg/L 高锰酸钾浸浴 5～10 min。

（3）施肥培水压碱。施放基肥培育饵料生物，平衡降低碱度。施发酵畜粪 200～400 kg/ 亩，加水稀释后均匀泼洒。

（4）鱼种放养。5 月下旬至 6 月中下旬开始放养体长≥5 cm 的优质锦鲤良种。水泥池放养密度 30～40 尾 /m^2；土塘放养密度根据上市等级分级饲养，A、B 级锦鲤 300～500 尾 / 亩，C、D 级锦鲤 800～1 000 尾 / 亩；另搭配 5 cm 左右的鲢鱼和鳙鱼 200 尾 / 亩，鲢鱼、鳙鱼比例为 3∶1。

（5）饲料投喂。每天按鱼体重的 1%～3% 掌握投喂锦鲤专用膨化配合饲料，并根据季节、天气、水质和鱼的摄食情况灵活调整。

113

（6）水质要求及调控管理。基本指标要求溶解氧≥4.5 mg/L，透明度 25～35 cm，pH 值 7.5～8.5，亚硝酸氮（NO_2^-）≤0.05 mg/L，硫化氢不得检出。

物理调控：高温生长季节，土塘每 7～10 d 加注新水 1 次，每次不超总水体的 10%。水泥池每日在投饵 1.5～2 h 后开始排污，并连续实施尾水治理，循环利用增氧、爆气。叶轮式增氧机配套动力≥0.7 kW/ 亩。微孔增氧（底部增氧）每亩配套动力为 0.5～1.5 kW。每天后半夜至天亮阶段科学掌握及时开机；晴天 12—14 时开机 1 次，每次 2～3 h。

化学调控：定期使用生石灰 15～20 kg/ 亩，pH 值稳定保持在 7.5～8.5。应用活性腐殖酸 1～2 kg/ 亩、膨润土 75～150 g/m³ 等。

生物调控：养殖中后期每隔 10～15 d 分别参照使用说明施 EM 菌、枯草芽孢杆菌等有益微生态制剂来改善水环境。

生态调控：设置鱼菜共生生态浮床，浮床面积占水面面积 5%～8%。

（7）日常管理，巡池观察。掌握了解池塘水质，观察鱼的吃食、活动、病害等情况。详细填写《水产养殖生产记录》《水产养殖用药记录》等。

（8）分级遴选。严格按照规定进行不同品种的锦鲤分级。其中三选环节的工作，指定专人完成。

4. 病害防治

始终强化"预防为主，防治结合"的原则。保持水质清新，尽量避免鱼体受伤，生产工具专池专用。苗种入池前对鱼池进行消毒，并及时调节水质预防细菌性鱼病发生，每月投喂药饵两次，每次 2～3 d，每月对鱼池进行杀虫 1 次、杀菌 1 次，减少和控制鱼病发生。

5. 主要成效

通过对 51.99 亩盐碱地开发整理，共形成养殖水面 32 亩，其中，土塘 24 亩，水泥池 8 亩（5 336 m²）。以 2021 年为例，示范点利用盐碱地池塘养殖锦鲤，产优质锦鲤商品鱼 1.5 万尾，锦鲤鱼苗 500 万尾，鲢鱼、鳙鱼 3 000 kg。商品锦鲤经过严格筛选，均达到"高唐锦鲤"品牌鱼的标准，销售价格 50～300 元 / 尾，个别精品锦鲤每尾价值超过万元。按平均价格 100 元 / 尾计算，商品鱼效益 150 万元。锦鲤鱼苗平均 1 000 元 / 万尾，鱼苗效益 50 万元，鲢鱼鳙鱼效益 3 万元。总效益 203 万元，单位效益 39 000 元 / 亩，扣除饲料、人工、水电、肥料、药物生产投入及承包费、开发投资资金利息等费用，单位纯效益约 20 000 元 / 亩。

经过盐碱地开发，标准化的池塘、布局合理的路渠及电力设施、错落有致的管理用房，平整抬起的绿化田园一改原来荒芜废弃的不堪面貌，呈现出现代渔业的新气象。锦鲤养殖过程全部按照绿色健康养殖技术实施，全过程无"三废"排放。养殖鱼类均达到"生态、绿色、健康"等国家要求的合格标准，水质保持"零"污染。创造出盐碱地开发利用，变废为宝，健康绿色养殖的生态效益。

多彩公司以每亩 350 元的价格流转盐碱地进行开发整理，使原来的不毛之地直接增收近 2 万元。进行水产养殖生产安置农民工 5 人，每人年工资收入 3.6 万元，为社会贡献近 20 万元。通过推广锦鲤养殖技术，帮助、带动周边农民近百人通过养鲤增收致富，促进了产业振兴，社会效益非常显著。

实践证明，"63131"盐碱地开发模式是成功的。6 成的盐碱地开挖鱼塘总深度 3 m 左右，一般掌握下挖 1 m，抬高 2 m，挖出的土方基本满足 3 成抬田和 1 成修路等土方量所需。通过抬高，地势整体提升 2 m 以上，渗透压碱效果较好，有利于树木及农作物生长。按照 3∶1 比例搭配土塘和水泥池，使前期锦鲤养殖量正好满足后期精品锦鲤的遴选需要，充分利用水泥池进行精养，两类鱼池的搭配相对合理恰当，使得锦鲤养殖生产平稳顺畅。

同时，多彩公司锦鲤"14331"特色产业发展模式是先进的、可借鉴推广。公司以"产业特色"为发展核心，紧紧抓牢设施、品种、技术、品牌"四大要素"固本强基，创新实施研判政策、科学规划、优化资源"三大举措"提质增效，探索总结出的多彩锦鲤"14331"特色产业发展模式，可借鉴、可复制、可推广，彰显了其先进性，实现了经济、社会、生态效益同步提升。为"中国锦鲤第一县""中国锦鲤之都"的成功建设及持续发展作出了突出贡献。正稳步迈向江北地区盐碱地水产养殖开发利用样板区的目标。

三、亲本质量控制技术

从保证亲本的纯度和质量做起，逐代提纯复壮、选育出优质亲本，利用选育的亲本，采取科学的措施进行苗种繁殖、培育及管理。

通过引进培育筛选、历代选育以及现代生物技术育种手段培育优质亲本。注重亲本的良种选育和提纯复壮，通过引进培育筛选、历代选育及现代生物技术育种手段培育优质亲本。

扩大种群数量。有效繁育群体过小易造成近亲繁殖和质量下降，尽量扩大亲本的群体数量，保证后备亲本选育的远缘性。

注意亲本质量和环境条件。亲本质量及环境条件也是影响种质质量的重要因素，生产中选择体质健壮、无疾病、无伤残、发育良好的亲鱼，养殖中给鱼类创造良好的生态环境，保持水质良好，饲料营养全面，认真做好鱼病防治工作。

从苗种繁育到养成的各个环节都严格按照技术操作规程进行。

针对锦鲤品种多、易混杂的特点，在生产中必须注意其纯度的保持，对此采取以下措施：亲鱼挑选严格，种质纯正，符合规定标准；进行严格的隔离，不同锦鲤品种在不同生产区内生产、选育；池塘相隔离要远，不同来源的锦鲤用其他鱼类品种相隔；池塘无渗漏现象，进排水独立完好，进水用 40 目筛绢严格过滤；锦鲤苗种拉网时须用专网，避免多池共用网具引起混杂。

锦鲤良种繁育一般遵循以下技术路线与工艺流程。

1. 亲鱼来源与提纯复壮

所用亲鱼必须做到来源清楚，品质优良。定期原产地引进原种，经国家指定的检测单位进行研究种质检测符合标准，经比较培育筛选，选择性状优良的个体作亲本。同时，选育后备亲本。

为保证锦鲤品质不退化、经济性状不断提高，锦鲤亲本必须经严格筛选。方法如下。

（1）选择数组体型好、体质健壮、种质纯正的适龄亲鱼，放入清整好的池塘进行自然繁殖。

（2）待达到乌仔时每亩放养 3 万尾专塘培育。

（3）鱼苗生长至 3 cm 左右时进行第 1 次筛选，筛选 50% 优质个体，移入准备好的其他池塘进行培育，每亩放养 5 000～10 000 尾。

（4）锦鲤生长至 8～10 cm 时进行第 2 次筛选，筛选 50% 优质个体继续进行池塘培育。

（5）锦鲤生长至 15～20 cm 时进行第 3 次筛选，这时候按雌雄个体分别进行，再筛选 30% 优质个体。种质标准，外形特征符合规定要求，遗传特性应符合种质要求。

（6）选出的个体做后备亲鱼，继续强化培育后，从中选择亲本。

2. 苗种繁殖

苗种是生产的基础，要达到产品规格与质量，必须从繁育苗种抓起。锦鲤的苗种繁殖采取传统人工繁殖及周年化人工繁育技术。

传统人工繁殖技术包括以下步骤。

（1）池塘的选择与清塘。池塘面积一般以 1～3 亩为宜，底质要求透气性好、保水性好，进排水系统独立、完好。事先用生石灰 100～200 kg / 亩彻底清塘，清塘后 1 周加水（用 40 目筛绢双层过滤）1～1.2 m，水质符合 GB 11607—1989《渔业水质标准》。

（2）亲鱼挑选及日常管理。从后备种鱼中进行严格挑选，确保亲鱼来源清楚，种质纯正，血缘关系远，体质健壮，无疾病、无伤残、无畸形、发育及成熟良好，种质标准符合国家水产行业标准。雄亲鱼规格应在 1～2 kg、雌亲鱼规格 1.5～2 kg，年龄在 2 龄以上（不超过 6 龄）。雌雄比按 1∶2，放养数量为 300 尾 / 亩，雌雄分塘饲养。当水温稳定在 18℃以上时，将亲鱼放入池塘繁育。每周加注新水 30 cm 以上，每半月换水 1 次，每次换水 1/3 以上，保持池水透明度 30 cm 左右。7—9 月每 20～30 d 泼洒 1 次生石灰，浓度为 15～20 mg/L，每月泼洒 1 mg/L 漂白粉和杀虫剂，做好疾病预防。根据天气和水温适时调整投饵量，投饵率为 2%～5%，分 4 次投喂，所用饲料营养全面，无变质，蛋白质含量不低于 30%。

（3）催情产卵。催产药物为绒毛膜促性腺激素（HCG）、促黄体释放激素类似物（LRH-A），以两者混合使用效果最佳。注射剂量为雌鱼 HCG400IU+LRH-A23μg，雄性减半。注射部位以胸腔注射为好。采取一次注射的方法，效应时间随水温高低有所不同。

（4）鱼巢的制作和设置。锦鲤产黏性卵，需要有附着物，以便受精卵黏附在上面发育。通常将人工设置的供卵附着物称为鱼巢。扎制鱼巢的天然材料，只要质地柔软，纤细须多，在水中易散开不易腐烂的均可应用。用棕榈皮可作为鱼巢的制作材料，经消毒处理后，扎制成束，大小合适，不疏不密，然后将其绑在细竹竿或树条上。一般鱼巢布置在离岸边 1 m 左右的浅水处，将竹竿沉入水下 10～15 cm，使鱼巢呈漂浮状态。管理时根据着卵情况注意鱼巢的及时换取。

（5）人工授精。催产后也可进行人工授精，鲤鱼卵未遇水不呈黏性，一般采用干法授精。先将亲鱼体表擦干，挤卵入盆，随即将精液挤于卵子上面，用羽毛轻轻搅拌，使受精卵充分接触，加水使其受精，将受精卵均匀撒在预先放在浅水中的鱼巢上孵化或者脱黏后放入孵化环道孵化。

（6）孵化。锦鲤受精卵可在池塘内进行静水孵化，也可脱黏后利用孵化环道进行流水孵化。可根据条件可以选择利用。池塘孵化：将粘有鱼卵的鱼巢放入池中水面下 10 cm 并固定，每亩水面可放 30 万粒卵左右，鱼苗刚孵出时，不可立即将鱼巢取出，此时鱼苗大部分时间附着在鱼巢上，靠卵黄囊提供营养，为鱼苗能主动游泳觅食时，才能去掉鱼巢。脱黏流水孵化：锦鲤产的黏性卵在人工授精后，将其黏性除掉，再用家鱼的孵化设备进行流水孵化。采用此法可以避免敌害的侵袭，水质清新，溶氧丰富，适于大规模生产，不用制作鱼巢，节约材料和人工。

鱼卵脱黏有两种方法。泥浆脱黏法：先用黄泥土合成稀泥浆水，一般 5 kg 水加 0.5～1 kg 黄泥，经 40 目网布过滤。将受精卵缓慢倒入泥浆水中，不停地翻动泥浆水 2～3 min，将脱黏后的卵移入网箱中洗去泥浆，即可放入孵化器中流水孵化。滑石粉脱黏法：将 100 g 滑石粉即硅酸镁再加 20～25 g 食盐溶于 10 L 水中，搅拌成混合悬浮液，即可用来脱黏鱼卵 1～1.5 kg。操作时一面向悬浮液中慢慢倒卵，一面用羽毛轻轻搅动，经半小时后，受精卵呈分散颗粒状，漂洗后放入孵化器中进行流水孵化。

周年化人工可控式繁育技术是指在北方地区完成全年锦鲤繁育的技术，该技术由盛和锦鲤独创的高新繁育技术，它是由亲鱼预置—可控式催情—无水挂卵孵化—仔鱼养殖等4个环节构成，繁育全程计算机控制。周年化无水挂卵孵化的技术优势在于：一是利用人工智能控制下的自动化设备完成在高寒地区全年锦鲤繁殖的可能；二是由于孵化过程在空气中进行，所以在极大的程度上控制了水霉病的发病率；三是孵化密度数十倍于传统人工孵化密度，以每平方米挂架5个、共20个挂架，每个挂架可挂卵1万～1.2万枚，全年孵化30次计算，每年孵化仔鱼数量可达到1.1亿～1.3亿尾，仅1个孵化间就可以达到此项目的孵化设计要求。

3. 苗种培育

（1）池塘准备。选择1～3亩、水深0.8～1.2 m、少淤泥、东西向鱼池，按常规方法清整、消毒。

（2）施肥（又称肥水下塘）。鱼苗下塘前7～10 d，可将已发酵的粪肥施入，例如猪牛粪便150～300 kg/亩（5挑左右），也可施5～10 kg/亩的无机肥料（化肥、磷肥等），同时进行生石灰消毒（用量150 kg/亩），1周后鱼苗下池正好是轮虫高峰期，鱼苗适口饵料充足，生长健壮。

（3）投喂。常用黄豆加熟鸡蛋黄打浆泼洒投喂。每天每亩用2～4 kg黄豆加3～5个熟蛋黄磨成浆立即泼洒投喂，重点喂池边附近的水面。豆浆既可直接被苗种吃掉一些，也可以培肥水质，丰富天然饵料。

（4）日常管理。加强早、中、晚巡塘，适时加水或换水，选择的饲料质量可靠、营养全面，及时防病，施用微生态制剂调控水质，发现问题及时采取相应措施。待鱼苗长至3 cm以上规格时可分塘进行大规格鱼种培育或当年养成。

四、淘汰锦鲤饲养鳜鱼技术

锦鲤苗种在饲养过程中淘汰率较高，第二次挑选淘汰约 50%，第三次挑选淘汰约 80%，经多次挑选淘汰出来的优质苗种具备优良的特征，才可以进行后期培育饲养。

如何有效利用锦鲤优选后淘汰下来的苗种，成为锦鲤养殖场需要考虑的问题。既可充分利用淘汰下来的鱼苗资源，为鳜鱼提供优质鲜活的饵料鱼，又能避免大量淘汰下来的锦鲤苗种流入市场，扰乱锦鲤市场，造成鱼目混珠。

为此高唐县开展了鳜鱼和锦鲤混养模式的尝试和技术研究。

高唐县于 2015 年 10 月被中国渔业协会授予"中国锦鲤第一县"称号，2021 年又荣获"中国锦鲤之都"称号，年繁育锦鲤 3 亿尾以上，年产优质锦鲤上千万尾，同时 97% 左右的锦鲤被淘汰。让这些失去养殖价值的锦鲤获得利用成为亟须解决的课题。

因此采取单养鳜鱼的方式，根据饵料鱼供应情况，利用两个池塘共 6 亩用来养殖鳜鱼，每亩投放鳜鱼鱼种 2 000 尾，规格为 7~8 cm，鳜鱼苗种投放时间在锦鲤第一次优选后的 6 月初开始。

1. 鱼池条件处理

鳜鱼成鱼养殖的池塘为砂质壤土底质，腐殖质较少，水宜清，微流水，面积为 3 亩。水深 1.5 m 以上，排灌方便，水质良好，并有少量沉水性水草的鱼池。池塘内四周还要挖深为 30~40 cm 的浅沟，便于鳜鱼的捕捞。

2. 池塘准备和饲料鱼培育

（1）池塘消毒。在饵料鱼放养前 10~12 d，使用生石灰清塘消毒。

（2）天然饵料培育。在饲料鱼苗放养前 7 d 加水至 60 cm，且每亩水面放腐熟的肥料 150 kg 左右，以培育轮虫、枝角类等浮游动物。

（3）饲料鱼的培育。饲料鱼亩放养量为 10 万左右。饲料鱼苗放入前 1 d，加清水 10 cm，使水质清新且天然饵料丰富。鱼苗放入后不用立即投饵，但需每日观察鱼苗的密度、体质、生长速度和水中红虫的数量，待红虫数量减少、鱼苗在池四周觅食时，立即用厚浆"浇滩"，每日数次检查各投喂点的情况，前期饲料吃去即添，后期应对饲料鱼规格予以控制。一般放养 7～8 cm 的鳜鱼鱼种，饲料鱼的规格应控制在 3～4 cm。

饲料鱼培育时也可放入些成年泥鳅，繁殖出的小泥鳅可作为鳜鱼的优质饵料补充。

3. 鳜鱼鱼种的放养

放养鳜鱼鱼种前，先将池水排去一半再灌进新水，使池水稍为清瘦，以后水深逐步加到 1.5 m 以上。

4. 饲养管理

定期（7～10 d 为 1 期）投放补充饲料鱼。池中饲料鱼充足时，鳜鱼在水的底层追捕饵料鱼，此时池水面只有星星点点的小水花。细听时，鱼追食饲料鱼时发出的水声小，且间隔时间大；池中饲料鱼不足时，鳜鱼追食饲料鱼至水上层，此时水花大，发出的声音也频繁，声音也大。若看到鳜鱼成群在池边追捕饲料鱼，则说明池中饲料鱼已基本吃完。适口饲料鱼的规格一般为鳜鱼体长的 1/3 左右，饲料鱼规格不均匀时需用鱼筛将大规格的饲料鱼筛去。

鱼塘水质须常年保持"肥、活、爽"的标准，池水透明度保持 30 cm 左右。要经常加注新水，特别在高温阶段 6—9 月，每 5～7 d

加水 1 次，每次加水 15～20 cm。如多次使用药物，则需换水以防药害。

天气异常要立即加水，并保持鱼塘水位的相对稳定，为鳜鱼的生长提供良好的环境条件。如果池水浑浊，可每亩施用明矾 1 kg 或生石灰 5～7.5 kg 化水后全池泼洒。

安装增氧机，防止鳜鱼缺氧浮头，一般在晴天或少云天气时在中午开机增氧，若天气闷热则在午夜至清晨开机。

备好双氧水（含量 30% 以上）或增氧灵，可在鳜鱼浮头时用于抢救。每亩用双氧水 250 mL 加水 500 mL，并加入 2% 的硫酸亚铁 3～5 mL。

5. 鱼病防治

（1）纤毛虫病。主要寄生于鳜鱼体表、鳍部和鳃部，寄生种类主要为车轮虫、斜管虫。该病蔓延迅速，寄生数量少时对鱼体活动影响不大；寄生数量多时，鱼不肯进食。肉眼可见鱼体上有灰白色点状物，游动失去平衡，继而死亡。

防治方法：硫酸铜对车轮虫有一定疗效。鱼虫克星对斜管虫疗效显著。

（2）锚头蚤病。鱼体被铁锚虫头部钻入的部位，其周围组织常发炎红肿，继而组织坏死。

防治方法：用强效灭虫精或敌鱼虫化水全池均匀泼洒（鳜鱼对敌百虫敏感，防治鱼病时禁用晶体敌百虫）。若是饵料鱼的鱼体上寄生有锚头蚤可用 20 mg/L 高锰酸钾溶液药浴 15 min，然后投喂。

（3）鱼鲺。鱼体表有鲺样虫体附着，鳜鱼吃食量下降，体质消瘦，生长停顿。

防治方法：同锚头蚤。

（4）指环虫。指环虫寄生在鱼类的鳃部、病鱼体质消瘦，体色发黑，在夏花及成鱼阶段均有发生，死亡率较高。

防治方法：用"杀虫王"或"鱼虫煞星"。

（5）细菌性烂鳃。每亩每米水深用强氯精 0.27 kg，或漂粉精 0.33 kg 化水全池均匀泼洒。同时服用药饵 7～10 d。

（6）出血病。在成鱼养殖阶段，常由饲料鱼将病原体带入，患细菌性疾病的饲料鱼被鳜鱼食后，出现体表炎症、肝脏及肾脏带菌、腹水等症状。

防治方法：用强氯精 0.4 mg/L，或用漂粉精、二溴海因、溴氯海因等化水全池泼洒，间隔 1 d 重复 1 次。如长期用药而未换水的池，要先换水再用药，以防药害。用"鳜血宁"，每袋可加饲料 12.5 kg。药饵制作方法如下，一是用麦粉 50%、菜饼 50%，拌匀；二是按饲料量的 65% 称取一定量的水，再按饲料量加入药物，待药物溶解成药水后拌入饲料中，用手搓或用脚踩成块，1 h 后投喂给鳜鱼池中的饲料鱼吃，一般要求在 16 时左右投喂，因鳜鱼在傍晚捕食最凶，饲料鱼吞食药饵后刚好被鳜鱼吞食。

药饵投喂天数视鳜鱼病情，一般为 5～10 d。

注意事项：换水后用灭菌类药物消毒 1 次。同时，投药饵前需将饵料鱼放足，并按饵料鱼体重的 6% 左右投喂药饵。

鳜鱼生长速度较快，10 月中旬，当年鱼苗生长到 200 g 左右。鳜鱼成活率较高，达到 90%。近年鳜鱼价格持续上涨，塘头价格突破 100 元 /kg，经济效益可观，成为锦鲤养殖场的有益补充。

第八章 高唐锦鲤养殖龙头企业

一、高唐县盛和水产养殖有限公司

高唐县盛和水产养殖有限公司成立于 2014 年，始终以"产业特色"为发展核心，紧紧抓牢设施、品种、技术、品牌"四大要素"固本强基，创新实施研判政策、科学规划、优化资源"三大举措"提质增效，实现了经济、社会、生态效益同步提升，稳步迈向江北地区优质锦鲤集聚区的目标，成功探索出盛和锦鲤"14331"特色产业发展模式。先后获得"山东省水产健康养殖示范场""国家级水产健康养殖示范场""省级现代渔业示范园区""水产绿色健康养殖技术推广'五大行动'骨干基地"等称号，带领高唐县锦鲤品牌化、标准化、绿色化程度走在了全国前列，在业内赢得了"中国锦鲤看山东，山东锦鲤看高唐"的美誉，为"中国锦鲤第一县""中国锦鲤之都"的成功建设及持续发展作出了突出贡献。

二、山东吉祥渔业养殖有限公司

山东吉祥渔业养殖有限公司（简称吉祥渔业）成立于 2015 年，占地总面积 110 亩，主要从事观赏鱼养殖与及其周边商品的销售，例如水产饲料、宠物食品、水族宠物专用品以及水产养殖、水处理器材设备等，公司可进行鱼池工程设计与施工。

作为聊城市高唐县农产品"礼遇高唐"区域公用品牌代表，吉祥渔业始终注重打造产品品牌，提升企业知名度，先后被评为"省级现代农业产业园"、聊城市"美丽渔场";强化苗种质量生产，获得"苗种生产许可证"，创新研发"水产养殖饲料投放装置"等3项技术均获得国家知识产权局专利认证。公司致力于自家产锦鲤文化的推广，与天津农学院等高校建立产学研基地，与行业领军专家联合成立基因科研机构，培育出"黑钻""三十六鳞"等名贵血统锦鲤。

公司承接各类鱼池修建和改造，为广大锦鲤爱好者提供广阔的交流平台，为广大锦鲤爱好者提供鱼池设计方案，为锦鲤饲养者提供赏鱼、买鱼及休闲雅致的好去处。公司全力选育打造集地方特色品种、养殖技术推广、锦鲤文化展示、观赏休闲为一体的锦鲤繁育基地。借锦鲤平台和鱼友们和谐友好的交流，共同学习，共促发展。

三、高唐县池丰锦鲤养殖专业合作社

高唐县池丰锦鲤养殖专业合作社（简称池丰锦鲤）成立于2008年，主要从事锦鲤养殖、繁育、销售。经营的锦鲤品种有红白、大正、昭和、黄金、银鳞等。养殖园区占地30亩，育成土塘占地170亩，建有阳光棚约10 000 m^2，包括种鱼车间、繁育车间、苗种车间、育成车间、销售车间等。公司先后被授予国家级、省级、市级健康养殖示范园区，拥有自己的专利发明、注册商标和科技成果鉴定证书。经过多年的养殖，经验不断积累，改良以及养殖技术不断创新，池丰锦鲤现已成为现代化科技养殖园区。

池丰锦鲤园区现采用先进、安全的养殖设备，主要有采用全套转鼓过滤循环系统、配有鱼池生化床、物理细菌屋及先进的进排水系统，实现了绿色、生态、环保的养殖模式。凭借多年的自身养殖经验积累及水产主管部门的技术指导和支持，正在向规模化、科技化、生态化水产绿色健康养殖园区进发，在行业里起到带动、推广、示范的作用更加积极明显。为高唐锦鲤产业陆续崛起，带动农民通过养殖锦鲤发家致富，促进美丽乡村建设作出了突出贡献。

四、高唐县秀池锦鲤文化交流有限公司

高唐县秀池锦鲤文化交流有限公司成立于 2018 年。经营范围包括淡水养殖、锦鲤繁殖、旅游观光活动等。公司总占地 150 余亩，现有员工 20 余人，养殖区内建有标准工厂化土塘 70 余个。锦鲤养殖基地拥有先进的设施设备、现代化循环过滤厂房及 24 小时增氧现代化养殖土塘，在山东地区率先开展智慧生态养殖，渔业现代化深耕，锦鲤生产水平已赶超全国 90% 以上生产业者厂家。公司引入先进管理理念深研"互联网 +"模式，实现线上线下等互助销售，仅网上拍卖年销售优质锦鲤上万条，销售额千万余元，逐步形成从生产到销售一条龙全方位服务。公司注重锦鲤文化品牌建设，建有锦鲤展览厅、奖杯墙、假山、园林绿植、喷泉、茶室等基础设施，随着公司不断地投入建设，目前已成为高唐锦鲤产业园周末休假的好去处。着力打造锦鲤养殖经济新亮点，全力服务乡村经济为中心，提高自身产品竞争力，实现现代化养殖，服务农村经济建设。

目前，从亲鱼培育—产卵—孵化—育苗—鱼种培育—成鱼养殖—捕捞，各阶段均已采用机械控温增氧、智能自动化投饵、水环境检测与调控、水体净化循环利用和机械捕捞，实现了从培育到最终成鱼绿色健康化养殖及尾水零排放。

五、高唐县独秀锦鲤养殖有限公司

高唐县独秀锦鲤养殖有限公司成立于 2010 年，总占地面积 300 多亩，高标准池塘 80 多个，工厂化养殖车间 4 座，公司具有多年观赏鱼养殖的良好基础，先进的养殖设施，优美的养殖环境，

优质的锦鲤种苗，科学的养殖方法，保证了锦鲤的高贵品质。

公司获得"一种锦鲤养殖用网箱养殖浮筒"等三峡实用新型专利，注册了"锦冠成""绣程"两个商标。多次参加各类锦鲤大赛并取得近 100 个冠军奖的优异成绩。

六、高唐县峰涛锦鲤场

高唐县峰涛锦鲤场成立于 2011 年，是一家以繁育改良、养殖销售、设计建设景观池为主的锦鲤养殖有限公司。公司现在已具备年繁育 10 个锦鲤品种 1 000 万尾的能力，年产高标准成品锦鲤 10 万尾。经过长时间的养殖经验与技术积累已被全国各地的锦鲤业者广泛认可。产品远销吉林、湖北、云南、贵州等省，遍及山东省青岛、济南、潍坊、威海等省内城市。

公司现有 3 个工厂化养殖车间，总面积约 3 600 m^2，建有 68 个 36 t 标准的水泥养殖池。每个养殖池有独立的生化过滤系统，从而解决了因锦鲤的生长、相对密度的增大而引起水体中残饵、排泄物、氧气消耗增加的问题。标准养殖池通过精确施用芽孢杆菌、光合细菌、硝化细菌、EM 菌液等微生物制剂调控水质，降低亚硝酸盐、氨氮、硫化氢等因素对鱼体造成的危害。每个养殖池在可控环境的范围内，放养密度、生长期都放大延长。每个养殖池在实践中已与 800 m^2 的土塘面积效益同等。同时建有 9 个高标准室外养殖池，形成水面面积 30 亩，为繁育新品种、扩大规模、提高锦鲤品质奠定基础。

高唐县峰涛锦鲤养殖有限公司已成功创建省级健康示范养殖场，成为中锦网成员单位。

七、高唐县信杰锦鲤养殖有限公司

高唐县信杰锦鲤养殖有限公司成立于 2014 年，养殖场总占地

152亩，阳光棚建筑面积6 000 m²，拥有水泥池100个、室外土塘68个，亲鱼、鱼苗、鱼种培育池及成鱼养殖池等标准化池塘100亩。年繁育苗种3 000万尾、年销售优质商品锦鲤10余万尾。

公司现有多种锦鲤种鱼，血统纯正，品质优异，与国际锦鲤养殖场保持长期合作关系。公司致力于自家产，起点高、目标高、朝气蓬勃，是一家集繁育、养殖、销售于一体的大型专业锦鲤养殖场，配备国内一流的专业繁殖养殖技术，是高唐县锦鲤养殖场的后起之秀。育有红白、三色、黄金、孔雀、写鲤等10余个品种，所产优质锦鲤品种多、规格全、性价比高，已远销全国。

公司每年派技术人员去北京、沈阳、广东、济南等地参加全国性锦鲤大赛，多次获得优异成绩，为促进高唐县锦鲤产业的快速发展作出了应有的贡献。公司被授予中锦网成员单位等荣誉称号。

附　录

《高唐锦鲤养殖技术规范》

前　言

本文件按照《标准化工作导则　第 1 部分：标准化文件的结构和起草规则》（GB/T 1.1—2020）的规定起草。

请注意本文件的某些内容可能涉及专利。

本文件的发布机构不承担识别专利的责任。

本文件由中国渔业协会提出并归口。

本文件起草单位：高唐县农业农村局、高唐县畜牧水产事业中心、高唐县渔业协会、高唐县盛和水 产养殖有限公司、高唐县池丰锦鲤养殖专业合作社、高唐县秀池锦鲤文化交流有限公司、高唐县信杰锦 鲤养殖有限公司、山东吉祥渔业养殖有限公司、佛山市三顺锦鲤养殖有限公司、睦邻森（山东）科技信息有限公司、聊城市农业农村局、山东省淡水渔业研究院。

本文件主要起草人：臧国莲、王顺廷、王明强、安丽莉、王爱君、崔文秀、王红梅、朱金芬、王丽、王甦、吴秀梅、杨彤彤、邱小倩、唐在顺、杨越、李桂敏、王乐平、张秀江、高志强、陈笑冰、扈培河、张小丽、田秋英、梁瑞青、冯森

正 文

1 范围

本文件界定了高唐锦鲤养殖的术语和定义，规定了高唐锦鲤养殖的环境条件与设施、商品鱼养殖、遴选分级、病害防治、记录和档案管理。本文件适用于高唐锦鲤的人工养殖。

2 规范性引用文件

下列文件中的内容通过文中的规范性引用而构成本文件必不可少的条款。其中，注日期的引用文件，仅该日期对应的版本适用于本文件；不注日期的引用文件，其最新版本（包括所有的修改单）适用于本文件。

GB/T 22213　水产养殖术语

GB/T 36782　鲤鱼配合饲料

NY/T 5361　无公害农产品　淡水养殖产地环境条件

SC/T 5101　观赏鱼养殖场条件　锦鲤

SC/T 5703　锦鲤分级　红白类

SC/T 5707　锦鲤分级　白底三色类

SC/T 5708　锦鲤分级　墨底三色类

3 术语和定义

GB/T 22213 界定的以及下列术语和定义适用于本文件。

3.1 红白锦鲤（红白）red and white

体表白底，只具红色斑纹的锦鲤。

3.2 白底三色锦鲤 three-color with white background

体表白色，具红色斑纹及少量墨色斑纹的锦鲤。

3.3 墨底三色锦鲤 three-color with black background

体表墨色，具红色斑纹及少量白色斑纹的锦鲤。

4 环境条件与设施

4.1 场址选择

应符合 SC/T 5101 的规定，有充足的淡水水源。

4.2 水质管理

4.2.1 水质要求

溶解氧≥5 mg/L，透明度 30～40 cm，pH 值 7.5～8.5。亚硝酸氮（NO_2^-）≤0.05 mg/L，硫化氢（H_2S）<0.005 mg/L；底泥总氮<1.5%。

4.2.2 水质调节方法

通过加、换水和微孔增氧、曝气等方法进行水质调节，并采用水质监测在线系统实时对池塘水质进行监测，溶解氧、水温、pH 值、氨氮、亚硝酸氮出现异常情况，及时处理。养殖尾水排放按地方水产养殖业水污染物排放控制标准规定执行。

4.3 养殖设施

应符合 SC/T 5101 的规定。

5 商品鱼养殖

5.1 放养前准备

放养前应做好以下准备工作。

a）清除池底淤泥后进行充分晒塘；

b）放养前 7～10 d，清理池塘内杂物，对池塘底、坡等进行必要的整理、维护；

c）使用生石灰 2 250 kg/hm²，或使用有效氯含量 30% 的漂白粉 120～150 kg/hm²，进行干塘清塘消毒；

d）鱼种下池前 3～5 d，池内加注新水至池塘水深 50～70 cm，进水口 80 目筛绢滤网过滤，拉空水网 1～2 次。施放基肥培育饵料生物。

5.2 工具消毒

用 3% 食盐水溶液，浸浴 5～8 min，或用 5～10 mg/L 高锰酸钾溶液，浸浴 5～10 min。

5.3 放养

5.3.1 放养时间

5月下旬至6月下旬，选择在晴天8—9时或15—16时进行。

5.3.2 鱼种质量

选购持有《水产苗种生产许可证》的苗种生产单位培育的苗种，并经水产苗种产地检验检疫合格，苗种质量要求：体长≥10 cm，通过第二次挑选的规格整齐、无病无伤锦鲤，同一池塘投放品系、色泽一致苗种。

5.3.3 鱼体消毒

鱼种放养前，采用5%的食盐水溶液或用5～10 mg/L高锰酸钾溶液，浸浴5～10 min。

5.3.4 放养密度

根据养殖模式和养殖阶段，按下列规定选择适宜的放养密度：

a）水泥池：30～40尾/m²；随鱼体增长逐渐降低；

b）土池塘：根据上市等级分级饲养：A、B级锦鲤4 000～7 500尾/hm²；C、D级锦鲤12 000～15 000尾/hm²。搭配规格为5 cm左右的鲢、鳙鱼种3 000尾/hm²，鲢、鳙比例为3∶1。

5.3.5 放养方法

宜在池塘上风处投放，投放时要带水小心操作，将容器沉入水面下，倾倒容器让鱼种自由入池，放养前后水温温差不超过2℃。如果温差过大，应将池水逐步加入容器中，待温差不大时，再将鱼种放入池塘。

5.4 饲料投喂

投喂膨化配合饲料，配合饲料应符合《鲤鱼配合饲料》（GB/T 36782—2018）的要求。水泥池养殖的日投喂次数为3次，上午、中午和下午各1次；土池养殖的日投喂次数以2次为宜，上午、下午各1次。投喂需按"定点、定时、定质、定量"原则，日投喂量为鱼体重的 1%～3%，根据季节、天气、水质和鱼的摄食情况进行调整。

5.5 水质管理

5.5.1 水质要求

溶解氧≥5 mg/L，透明度 30～40 cm，pH 值 7.5～8.5。亚硝酸氮（NO_2^-）≤0.05 mg/L，硫化氢（H_2S）＜0.005 mg/L，底泥总氮＜1.5%。

5.5.2 水质调控方法

遵循"肥、活、嫩、爽"的原则。通过加水、换水、增氧、曝气、吸附净化、化学调控、生物调控、生态调控等方法进行水质调节，生产过程非必要不应进行大换水。养殖尾水排放按地方水产养殖业水污染物排放控制标准规定执行。

5.6 日常管理

按以下要求操作：

a）巡塘：每天早、中、晚 3 次巡池，观察水色变化、透明度、鱼的摄食与活动，以及病害生发等情况；

b）定期加注新水、换水、排污，防止池水浑浊，保持池水肥、活、嫩、爽，逐渐加深水位至 100 cm；

c）采用水质监测在线系统实时对池塘水质进行监测，溶解氧、水温、pH 值、氨氮、亚硝酸氮出现异常情况，及时处理；

d）养殖过程中的操作要细、轻、慢；

e）搭建防鸟网。

6 遴选分级

6.1 遴选时间

鱼苗生长至 15 cm 左右时进行三选，三选环节的工作由锦鲤遴选经验丰富的专人完成。

6.2 遴选标准

红白类按照 SC/T 5703 —2014 的规定进行分级遴选；

白底三色类按照 SC/T 5707—2017 的规定进行分级遴选；

墨底三色类按照 SC/T 5708—2017 的规定进行分级遴选。

7 病害防治

坚持"预防为主，防治结合"的原则。病害防治药物见《水产养殖用药明白纸》，重点做好以下几个方面：

a）鱼苗放养前做好池塘的清塘消毒；鱼苗进行体表消毒；生产工具专池专用，使用前、后进行消毒；

b）鱼苗在拉网、筛选、转运、分塘过程中要谨慎，做到细、轻、慢，尽量避免鱼体受伤，减少应激，要带水操作；

c）进行水质调控，维持良好环境，保持水质清爽；饲料要新鲜，保证质量；坚持"四看""四定"投饵原则。

8 记录和档案管理

8.1 生产者应保存生产过程记录，记录内容和频次应能证明各项要求得到实施。记录包括但不限于：

a）水源水质检测报告；

b）苗种采购或生产记录；

c）饲料、渔药等投入品的采购、储存及使用记录；

d）水质日常监测记录；

e）日常管理记录；

f）捕捞和销售记录等。

8.2 生产者应制定记录归档和保存管理制度。记录应保存至该批水产品全部销售后 2 年以上。

《高唐锦鲤苗种繁育技术》

前　言

本文件按照 GB/T 1.1—2020《标准化工作导则第 1 部分：标准化文件的结构和起草规则》的规定起草。

请注意本文件的某些内容可能涉及专利。

本文件的发布机构不承担识别专利的责任。

本文件由中国渔业协会提出并归口。

本文件起草单位：高唐县农业农村局、高唐县畜牧水产事业中心、高唐县渔业协会、高唐县盛和水产养殖有限公司、高唐县池丰锦鲤养殖专业合作社、高唐县秀池锦鲤文化交流有限公司、高唐县信杰锦鲤养殖有限公司、山东吉祥渔业养殖有限公司、佛山市三顺锦鲤养殖有限公司、睦邻森（山东）科技信息有限公司、聊城市农业农村局、山东省淡水渔业研究院。

本文件主要起草人：臧国莲、王顺廷、王明强、安丽莉、王爱君、崔文秀、王红梅、朱金芬、王丽、王甦、吴秀梅、杨彤彤、邱小倩、唐在顺、杨越、李桂敏、王乐平、张秀江、高志强、陈笑冰、扈培河、张小丽、田秋英、梁瑞青、冯森。

正　文

1 范围

本文件界定了高唐锦鲤苗种繁育的术语和定义，规定了高唐锦鲤苗种繁育的环境条件与设施、亲鱼培育、人工繁殖、苗种培育、苗种挑选、病害防治、记录和档案管理。

本文件适用于高唐锦鲤苗种繁育。

2 规范性引用文件

下列文件中的内容通过文中的规范性引用而构成本文件必不可少的条款。其中，注日期的引用文件，仅该日期对应的版本适用于本文件；不注日期的引用文件，其最新版本（包括所有的修改单）适用于本文件。

GB/T 22213　水产养殖用语

GB/T 36782　鲤鱼配合饲料

NY/T 5361　无公害农产品　淡水养殖产地环境条件

SC/T 5101　观赏鱼养殖场条件　锦鲤

SC/T 5703　锦鲤分级　红白类

SC/T 5707　锦鲤分级　白底三色类

SC/T 5708　锦鲤分级　墨底三色类

3 术语和定义

GB/T 22213 界定的以及下列术语和定义适用于本文件。

3.1 红白锦鲤（红白）red and white

体表白底，只具红色斑纹的锦鲤。[来源：SC/T 5703—2014，3.1]

3.2 白底三色锦鲤 three-color with white background

体表白色，具红色斑纹及少量墨色斑纹的锦鲤。[来源：SC/T 5707—2017，3.2]

3.3 墨底三色锦鲤 three-color with black background

体表墨色，具红色斑纹及少量白色斑纹的锦鲤。[来源：SC/T 5708-2017，3.3]

4 环境条件与设施

4.1 环境条件

应符合 SC/T 5101 的规定，有充足的淡水水源。水质应符合 NY/T 5361 的要求。

4.2 养殖设施

应符合 SC/T 5101 的规定。

5 亲鱼培育

5.1 亲鱼来源

省级及以上锦鲤良种场。

5.2 亲鱼选择

应选择 3 龄以上、性腺发育成熟的个体，品系质量红白锦鲤应符合 SC/T 5703 中 B 级及以上要求；白底三色锦鲤应符合 SC/T5707 中 B 级及以上要求；墨底三色锦鲤应符合 SC/T 5708 中 B 级及以上要求。雌、雄比为 1 ∶（1～2）。

5.3 检疫

锦鲤孢疹病毒病不得检出。

5.4 亲鱼放养

5.4.1 放养前准备

放养前应做好以下准备工作：

a）清除池底淤泥后进行充分晒塘；

b）放养前 7～10 d，清理池塘内杂物，对池塘底、坡等进行必要的整理、维护；

c）使用生石灰 2 250 kg/hm²，或有效氯含量 30% 的漂白粉 120～150 kg/hm² 进行干塘清塘消毒；

d）消毒 2～3 d 后，经 80 目筛绢过滤，加注新水至池塘水深 70～100 cm。

5.4.2 亲鱼消毒

亲鱼放养前选用以下方法进行体表消毒：

a）3% 食盐水溶液，浸浴 5～8 min；

b）5～10 mg/L 高锰酸钾溶液，浸浴 5～10 min。

5.4.3 放养

宜在 3 月中下旬选择晴天进行。放养前后水温温差控制在 3℃以内。雌、雄亲鱼分池培育。养殖密度控制在 450～750 尾 / hm²。

5.5 日常管理

5.5.1 投喂

按"四定"原则投喂配合饲料。配合饲料应符合 GB/T 36782 的规定。日投喂量为鱼体重的 2%～ 3%。日投喂 4 次。

5.5.2 水质管理

5.5.2.1 水质要求

溶解氧≥5 mg/L，透明度 30 cm～40 cm，pH 值 7.5～8.5。亚硝酸氮（NO_2^-）≤0.05 mg/L，硫化氢（H_2S）<0.005 mg/L；底泥总氮 <1.5%。

5.5.2.2 水质调节方法

通过加、换水和微孔增氧、曝气等方法进行水质调节，并采用水质监测在线系统实时对池塘水质进行监测，溶解氧、水温、pH 值、氨氮、亚硝酸氮出现异常情况，及时处理。养殖尾水排放按地方水产养殖业水污染物排放控制标准规定执行。

5.5.3 巡塘

每天早、中、晚 3 次巡池，观察水色变化、透明度、鱼的摄食与活动，以及病害发生等情况。

6 人工繁殖

6.1 时间

每年 4 月下旬至 6 月，当水温稳定在 18℃以上时即可进行繁殖。

6.2 鱼巢准备

将晒干的棕皮、柳树根须扎成小束，制成鱼巢。使用前将鱼巢放入 100 mg/L 的高锰酸钾溶液中浸泡 20 min，清水漂净后捞出晒干。

6.3 产卵

6.3.1 自然产卵

按以下要点操作：

a）选择性腺成熟度较好的亲鱼，按雌、雄比 1 ∶（1～2）的比例放入产卵池中，放养密度为 0.3～0.5 尾 /m²；

b）在池塘四周呈"一"字形或三角形吊挂鱼巢，并保持 10～20 cm/s 的流水刺激亲鱼发情、产卵；

c）产卵结束后，将鱼巢移入孵化池或无水挂卵孵化装置中进行孵化，孵化池中孵化密度保持在受精卵 2 000～2 500 粒 /m²，亲鱼放回亲鱼池进行产后康复培育。

6.3.2 人工催产

按以下要点操作：

a）选择性腺成熟度较好的亲鱼，按雌、雄比 1 ∶（1～2）的比例放入产卵池中；

b）催产时间以 16—17 时为宜；

c）雌鱼的催产剂用量为绒毛膜促性腺激素（HCG）800～1 000 IU/kg，或促黄体素释放激素类似物（LRH-A2）8～12 g/kg，雄鱼的剂量减半，胸鳍基部注射。催产剂应随用随配制；

d）催产后 13～14 h，当亲鱼发情追逐时进行干法授精。亲鱼放回亲鱼池进行产后康复培育；

e）将受精卵均匀黏附于鱼巢上后，将鱼巢放入孵化池或无水挂卵孵化装置中进行孵化。

6.4 孵化管理

按以下要点操作：

a）孵化池中受精卵的孵化密度保持在 2 000～2 500 粒 /m²；

b）将附着受精卵的鱼巢用 3%～5% 的食盐溶液浸泡 10～15 min 进行消毒；

c）孵化时保持水中溶氧量在 6～8 mg/L，严防敌害生物进入，保持微流水状态，水温保持在 20～22℃；

d）孵化后的鱼苗移入育苗池中培育，亦可将鱼苗暂养 3～4 d后，待其鳔充气、卵黄囊完全消失，具有较强的游泳和捕食能力时再出池；

e）无水挂卵孵化管理按照该装置技术要点进行操作。

7 苗种培育

7.1 放养前准备

按照 5.4.1 的规定进行清塘、消毒，加注新水至池塘水深 50 cm，进行培肥育饵。

7.2 鱼苗放养

鱼苗下塘时宜带水操作，放养前后水温温差不超过 2℃。具体放养规格与密度关系见表 1。苗种培育期间，根据鱼体生长情况，在每次挑选时适当调整放养密度。

表 1 放养规格与密度关系

放养规格 （cm）	放养密度	
	水泥池（尾 /m²）	池塘（尾 /m²）
初孵仔鱼	200～240	200～230
2～3	150～180	15～25
4～5	100～120	8～12
6～7	20～30	2～3

7.3 投喂

按以下要求操作：

a）早期仔鱼下塘前在水泥池或网箱中暂养 3～4 d，其间投喂熟鸡蛋黄，每 10 万尾鱼苗每天投喂 1 个蛋黄，方法是将蛋黄用双层纱布包住在水中揉成蛋黄水后全池泼洒；

b）鱼苗入池 15 d 内泼喂豆浆，每天上午、下午各泼洒两次。每 10 万尾鱼苗每天投喂 100 kg（黄豆 2 kg 泡发打浆），一周后增加至每天投喂 400 kg（黄豆 8 kg 泡发打浆）；

c）鱼苗入池 15～20 d 时搭配投喂粒径为 0.5 mm 的破碎配合颗粒饲料；

d）鱼苗投放 20 d 后可直接投喂粒径为 0.5 mm 的配合颗粒饲料；

e）随着鱼苗的长大，加大配合颗粒饲料的粒径；

f）颗粒料宜每天投喂 3 次，上午、中午、下午各喂 1 次。日投喂量为鱼体重的 8%～10%。

7.4 水质管理

7.4.1 水质要求

溶解氧≥5 mg/L，透明度 30～40 cm，pH 值 7.5～8.5。亚硝酸氮（NO_2^-）≤0.05 mg/L，硫化氢（H_2S）＜1.5 mg/L。

7.4.2 调节方法

通过加、换水和微孔增氧、曝气等方法进行水质调节，并采用水质监测在线系统实时对池塘水质进行监测，溶解氧、水温、pH 值、氨氮、亚硝酸氮出现异常情况，及时处理。养殖尾水排放按地方水产养殖业水污染物排放控制标准规定执行。

7.5 其他日常管理

按以下要求操作：

a）巡塘：每天早、中、晚 3 次巡池，观察水色变化、透明度、鱼的摄食与活动，以及病害生发等情况；

b）定期加注新水、换水、排污，防止池水浑浊，保持池水肥、活、嫩、爽，逐渐加深水位至 100 cm；

c）养殖过程中的操作要细、轻、慢；

d）搭建防鸟网。

8 苗种挑选

8.1 挑选时间

红白和白底三色在鱼苗孵出 40 d 左右，体长 3 cm 以上，体表出现斑纹后进行初选；墨底三色在出苗 3～5 d 做初步挑选；7 月上旬，鱼苗生长至 8～10 cm 时进行第二次挑选。

8.2 初选

8.2.1 红白初选

去掉畸形、全红、全白的鱼苗，其余全部留养。

8.2.2 白底三色初选

去掉畸形、全红、全白、淡黑色的鱼苗，其余全部留养，特别是白嘴带花纹的为标准白底三色。

8.2.3 墨底三色初选

全黑的鱼苗（黑仔）留养，剩下的白苗可与红白混养，第一次挑选 40 d 后，将青黄色鱼苗淘汰，其余留养。

8.3 第二次挑选

8.3.1 红白挑选

按以下要求进行：

a）筛除仅头部呈红色，且绯纹不完整者；

b）除了丹顶红白锦鲤外，筛除全身红色花纹不到二成者；

c）筛除红色花纹明显偏位者（偏前、偏后、偏左、偏右者）；

d）筛除碎石点红较多者；

e）头部如同戴头巾般呈全红者，除了花纹完整者外，其余应筛除；

f）虽是素红，但红色特别强，从胸鳍到腹部呈红色者，于红鲤而言最有价值，应保留；

g）背部全部呈现红色，但鱼体腹部呈现洁白者，以后可能会出现间断而变为花纹，应保留；

h）因池塘水质及环境差异对鱼的遗传特性有所影响，锦鲤的红色会呈现淡红或橘红色，到了初秋时会渐渐变得纯正，因此只要花纹的形状好看均保留；

i）保留红色花纹明显者；

j）保留红色虽淡，但切边明确者。

8.3.2 白底三色挑选

按以下要求进行：

a）筛除背部无色，墨色或红色集中于侧线以下者；

b）保留红斑、墨斑在白底中呈现花纹者；

c）鱼体为蓝色且其颜色今后会变得深厚者，除非有严重缺点的，应保留；

d）筛除鱼体呈现白色，墨色为碎石型者；若体色呈蓝色，虽有些碎石墨，仍应保留；

e）保留胸鳍有一条或两条墨色条纹者，日后会变成深厚墨色。

8.3.3 墨底三色挑选

按以下要求进行：

a）筛除体色完全无白底或在灰色底中只有少许墨斑者；

b）筛除在灰色底中有土黄色者；

c）保留有白色、绯色、黄色的特征，且墨色明显者；

d）不管色彩浓淡，应保留在墨纹中有红色者；

e）墨色花纹特别好看而又明显者，即使红色质地较差，但仍有变为优质锦鲤可能的，应保留；

f）筛除墨色部分和花纹少者（除非墨色质地特别好），但应保留红色花纹好看者；

g）保留头部或胸鳍基部，以及口吻处有浓墨者，墨色有统一感者。

9 病害防治

坚持"预防为主，防治结合"的原则。病害防治药物见《水产养殖用药明白纸》，重点做好以下几个方面。

a）鱼苗放养前做好池塘的清塘消毒；鱼苗进行体表消毒；生产工具专池专用，使用前后进行消毒；

b）鱼苗在拉网、筛选、转运、分塘过程中要谨慎，做到细、轻、慢，尽量避免鱼体受伤，减少应激，要带水操作；

c）进行水质调控，维持良好环境，保持水质清爽；

d）饲料要新鲜，保证质量；坚持"四看""四定"投饵原则。

10 记录和档案管理

10.1 生产者应保存生产过程记录，记录内容和频次应能证明各项要求得到实施

记录包括但不限于：

a）水源水质检测报告；

b）苗种采购或生产记录；

c）饲料、渔药等投入品的采购、储存及使用记录；

d）水质日常监测记录；

e）日常管理记录；

f）捕捞和销售记录等。

10.2 生产者应制定记录归档和保存管理制度

记录应保存至该批水产品全部销售后 2 年以上。

参考文献

中华人民共和国农业农村部, 2014. 锦鲤分级　红白类: SC/T 5703—2014 [S/OL]. https://hbba.sacinfo.org.cn/stdDetail/a9f5a862ba89b6c0ae9e1c81dc087599f192f3884f734a966ce065c567a661ca

中华人民共和国农业农村部, 2017. 锦鲤分级　白底三色类: SC/T 5707—2017 [S/OL]. https://hbba.sacinfo.org.cn/stdDetail/fa15cbf086ebd1f61e7a8e83ec0b614f6f6150e4082fc30fc7f95138cada3ba0

中华人民共和国农业农村部, 2017. 锦鲤分级　墨底三色类: SC/T 5707—2017 [S/OL]. https://hbba.sacinfo.org.cn/stdDetail/fa15cbf086ebd1f61e7a8e83ec0b614f7ba60c2b2b76f1594078a5c3cb225944